DELIUS KLASING

MARTIN STOCK
TIM SCHRÖDER

WUNDERWELT WATTENMEER

DAS WELTNATURERBE NEU ENTDECKEN

DELIUS KLASING VERLAG

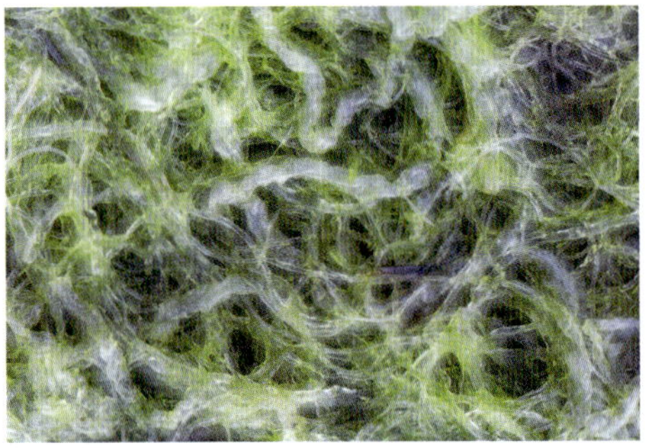

1 Stimmungen im Watt

Es gibt wohl kaum eine Landschaft in Deutschland, wo der Horizont so weit und der Himmel so hoch erscheinen wie im Wattenmeer. Kein Berg, nicht einmal ein Baum stören diese Weite.

Manche mögen das Wattenmeer als langweilig empfinden. Doch für die meisten Menschen, die das Wattenmeer einmal erlebt haben, ist diese Landschaft eine einzigartige Bühne, auf der die Natur wahre Dramen inszeniert. Wenn an schwülwarmen Sommernachmittagen blauschwarze Gewitterwolkentürme aufziehen, sich langsam, aber unaufhaltsam dem Ufer nähern, wirkt das Wattenmeer mächtig und bedrohlich zugleich. Anfangs grollt der Donner fern über der Ebene, doch mit jedem Kilometer, den die Wolkenwand näher rückt, spürt man mehr von der Energie, die in dieser Weite steckt. Und irgendwann hört man das Rauschen des Regens, erst leise, entfernt, dann stetig anschwellend zu einem lauten Prasseln, bis ringsum die ersten schweren Tropfen fallen.

Dann wieder gibt es Tage, an denen das Wattenmeer träge und schwer daliegt – in der Mittagshitze, wenn die warme Luft über dem grauen Schlick flirrt und Luftspiegelungen Wattwanderer und Schiffe kopfüber stehen lassen. Oder an verregneten Tagen, wenn sich kaum etwas rührt, Vögel ihre Köpfe einziehen und nur ab und zu das leise Piepen eines Regenpfeifers durch das graue Nichts hallt. An eiskalten Wintertagen hingegen taucht die Sonne das Wattenmeer in strahlend weißes Licht. Klar und erfrischend wirkt dann die Luft, gestochen scharf sind die riesigen Containerschiffe draußen auf der Nordsee, die Leuchttürme und die Dünen vorgelagerter Inseln zu sehen. Alles scheint zum Greifen nahe – und ist doch weit entfernt.

Es ist vor allem der beständige Westwind, der Regie führt in diesem sagenhaften Naturdrama, der jedem Akt eine besondere Stimmung verleiht. Er formt die Wolken, die im Licht der untergehenden Sonne rot aufleuchten wie abstrakte Kunstwerke. Schnell lässt er das Wetter umschlagen. Vor allem im Herbst und Winter fegen Orkane heran, die das Gesicht des Wattenmeeres radikal verändern. Sie wühlen das Wasser zu mächtigen Wogen auf, die donnernd gegen Sperrwerke und Hafenmauern krachen. Schäumende Brecher rollen die Deiche hinauf bis zur Krone, wo Böen das Wasser peitschen und die Gischt bis weit ins Binnenland tragen. Trifft die Brandung auf eine Insel, kann sie sogar eine ganze Dünenkette durchbrechen.

Innerhalb weniger Stunden trägt das Wasser Tonnen von Sand fort. Manchmal drückt ein Orkan die Nordsee so stark gegen die Küste, dass das Wasser auch bei Ebbe nicht mehr abfließt. Das Wattenmeer versinkt dann für viele Stunden oder gar einige Tage unter dem tosenden, vom Schlick graubraun gefärbten Wasser. Dann scheint der ewige Rhythmus der Gezeiten für einige Zeit aus dem Takt zu geraten. Viele Wanderer, die sich bei diesem Wetter hinauswagen, machen sich einen Spaß daraus, sich mit dem Körper gegen den Sturm zu lehnen. Laut knatternd flattern die Ärmel der Regenjacken im Wind. Gischt peitscht das Gesicht. Die Luft schmeckt salzig.

Das Wattenmeer ist ein Lebensraum, der alle Sinne anspricht. Obwohl es auf den ersten Blick so grau und leer erscheint, ist es doch unerhört farbenprächtig, wenn Sonne, Wolken und Regen Lichtspiele an den Himmel zaubern. Die Salzwiesen leuchten im Frühling, wenn das frische Gras austreibt, in sattem Grün, und im Sommer, wenn der Strandflieder blüht, in kräftigem Violett. Besonders ist auch der Duft des Wattenmeeres, eine einzigartige Komposition aus dem Geruch frischer Algen, von Schlick, Salz und Wiesen. Hinzu kommen die Klänge: das ferne Rauschen der Wellen und die Rufe der Möwen und Watvögel, die hier und da über die Wattflächen trippeln. Vor allem gegen Abend, wenn der Wind nachlässt, erfüllen ihre Stimmen die Luft: das hektische Kliepen der Austernfischer, das sanfte Tüt der Rotschenkel oder das melancholische Pfeifen der Brachvögel. Selbst wenn die Vögel weit entfernt sind, klingen ihre Stimmen so klar, als seien sie ganz nah. An warmen Tagen erfüllt noch ein anderes Geräusch das Watt: das leise Knistern des Wattbodens. Es entsteht, wenn Tausende kleiner Luftbläschen zugleich zerplatzen, Bläschen aus Sauerstoff, den die Algen produzieren, Bläschen, die entstehen, wenn Muscheln Wasser durch ihre Schalen strömen lassen oder Bläschen, die zerplatzen, wenn an den Kiemen der Strandkrabben die Atemluft blubbert. Alles zusammen ergibt eine Symphonie unzähliger Mikroexplosionen.

Mächtige Wolkenberge erheben sich über dem Watt bei Westerhever auf der Halbinsel Eiderstedt.

Und natürlich tragen auch die Zugvögel zu den besonderen Stimmungen im Wattenmeer bei, die hier zweimal im Jahr Rast machen; im Frühjahr auf dem Weg in ihre Brutgebiete in Skandinavien und im Herbst auf ihrem Rückweg in den Süden. Das Watt bietet eine schier unbegrenzte Menge an Nahrung, an Würmern, Muscheln und Kleinkrebsen. Den Vögeln dienen sie als Energievorrat für die teils viele Tausend Kilometer langen Flugrouten. Die Zahl der Zugvögel, die das Watt als Raststätte nutzen, ist immens. In nur wenigen Wochen machen hier mehrere Millionen Vögel Halt. Mancherorts treten sie in riesigen Trupps auf; in Schwärmen, wie man sie sonst kaum jemals zu sehen bekommt. Die kleinen Alpenstrandläufer etwa sind echte Flugkünstler, die zu mehreren Tausend blitzschnelle Mannöver vollführen. Sie schlagen Haken, steigen auf und ab, jagen blitzschnell flach über den Boden. Mal sammeln sie sich zu einer dichten Wolke, dann wieder zieht sich der Schwarm in die Länge. Alpenstrandläufer haben einen hellen Bauch und einen dunklen Rücken. Damit werfen die Vögel ein atemberaubendes Wechselspiel an den Himmel, ein Changieren aus Silberglanz und Aschgrau; wie ein Fischschwarm, der im Wasser glitzert.

Das Wattenmeer ist eines der letzten Stücke Wildnis in Mitteleuropa. Zu diesem Gefühl von Wildnis tragen vor allem auch die Seehunde und Kegelrobben bei, die hier und da auf den Sandbänken ruhen. Manchmal trägt der Wind das kehlige Bellen dieser großen Raubtiere heran – die hier frei und weitgehend ungestört leben können – ganz ohne Zaun in einem fast grenzenlosen Naturparadies.

Ständig verändert das Wattenmeer sein Gesicht: Zieht ein Unwetter auf, wirkt es bedrohlich und faszinierend zugleich.

2 Das Wattenmeer von oben

Das Wattenmeer ist eine Landschaft der horizontalen Linien. Es zeigt sich dem Betrachter, der vom Ufer hinausblickt, als eine Abfolge farbiger Bänder.

Entlang der Küste erstreckt sich zunächst der grüne Streifen der Salzwiesen, an den sich bei Ebbe das Graubraun des Schlicks anschließt. Noch weiter entfernt leuchtet der Silberstreif des fernen Wassers, das erst mit der nächsten Flut zurückkehren wird. Dann schließlich der Horizont, der – hübsch aneinandergereiht – die Silhouetten der Inseln und Halligen trägt und über dem sich der Himmel aufspannt. Doch wechselt man die Perspektive und blickt wie ein Vogel aus großer Höhe hinab, dann offenbart sich das Wattenmeer als eine ganz andere, unbekannte Landschaft. Von oben betrachtet gleicht es einer unendlichen Leinwand, auf die die Natur farbenprächtige Muster und abstrakte Formen in Fülle immer wieder neu zeichnet.

Fein geformte Sände

Es sind die weitläufigen sandigen Flächen, Sandbänke die den Blick von oben dominieren, scheinbar verloren inmitten des blauen Wassers ruhend. Wind und Wellen haben sie geformt, ihnen Muster aus Sandrippeln aufgeprägt, sodass man glaubt, sie würden selbst wogen wie das Meer ringsumher. Manche Bänke scheinen zu zerfließen – dort, wo die Strömung an ihnen zerrt, den Sand forträgt und zu einem Schweif formt. Unterbrochen wird dieses Meer aus Sand durch die breiten Wattenströme. Durch sie rauscht das Wasser bei Ebbe in die Nordsee, nur um gut sechs Stunden später mit dem Einsetzen der nächsten Flut zurück ins Watt zu drängen. Viele Meter tief können diese dunklen Wasserläufe sein, durch das ewige Hin und Her des Ebbe- und Flutstroms weit eingegraben ins Watt.

Wattströme heißen die großen Wasserläufe in Schleswig-Holstein. In Niedersachsen nennt man sie Seegatts – dort, wo das Wasser reißend durch die Engen zwischen den Ostfriesischen Inseln in die Nordsee strömt.

Nicht allein der Sand macht das Watt so faszinierend, sondern vor allem auch die wohl bekanntesten Bewohner: Seehunde und Kegelrobben ruhen gern zu Dutzenden am Rand der Sandbänke, nur wenige Meter vom Wasser entfernt. Hier fühlen sie sich sicher. Droht Gefahr, robben sie geschwind ins sichere Nass. Auch können sie hier nach Beute, nach Fischen und Krebsen, jagen. Dort, wo die Wattenströme tief genug sind, sieht man ab und zu Fischkutter, die ihre Netze zu Wasser lassen, um Garnelen oder Plattfische zu fangen – von oben weithin zu erkennen an der langen Spur aus aufgewühltem Schlick, die sie hinter sich herziehen.

Filigrane Muster im Schlick

Die Sandbänke zählen zum Sandwatt, das sich aus recht groben Körnern zusammensetzt, die sogar weit draußen sowohl der Brandung als auch dem Gezeitenstrom trotzen. Sie sind so schwer, dass sie nicht gleich fortgetragen werden. Dennoch lagern Wind und Welle den Sand immer wieder um. An der Seeseite nagen die Kräfte der Gezeiten. Die Strömung verdriftet den Sand beständig nach Osten, sodass die Bänke wandern. Das müssen vor allem auch Sportbootfahrer bedenken, denn schnell einmal versandet eine Fahrrinne. Wer nicht auflaufen will, muss sich im Watt deshalb genau an die Seezeichen halten, die Pricken – Birkenstämme, die auch heute noch als Markierung der Rinnen ins Watt gesteckt werden.

Mit dem driftenden Sand kommen gelegentlich sogar historische Kostbarkeiten wie etwa Schiffsgerippe zu Tage. Im Windschatten der Inseln, wo das Wasser ruhiger fließt, setzen sich hingegen Sandkörner und Schwebstoffe mittlerer Größe ab. Hier bildet sich das Mischwatt, das nicht mehr Sand, aber auch noch nicht ganz Schlick ist. Nahe am Ufer sinken schließlich die kleinsten Körnchen, die Schlick- und Tonpartikel, zu Boden; häufig im Schutz von Buchten. Sie bilden das Schlickwatt, in dem man leicht versinkt. Für viele Urlauber ist das ein großer Spaß. Das Material ist so fein, der Boden so weich, dass schon geringe Wasserströmungen ausreichen, um es wieder fortzutragen. So bahnt sich das Wasser im Schlick leicht seine Bahn: Kleine Rinnsale vereinen sich zu größeren Prielen, die schließlich in die großen Heverströme münden. Das Wasser modelliert ein filigranes Astwerk in den Schlick, das an das feine, den Körper des Menschen durchziehende Gewirk von Kapillaren und Adern erinnert.

Wie feine Adern durchziehen die vom Wasser gegrabenen Priele den weichen Boden des Watts.

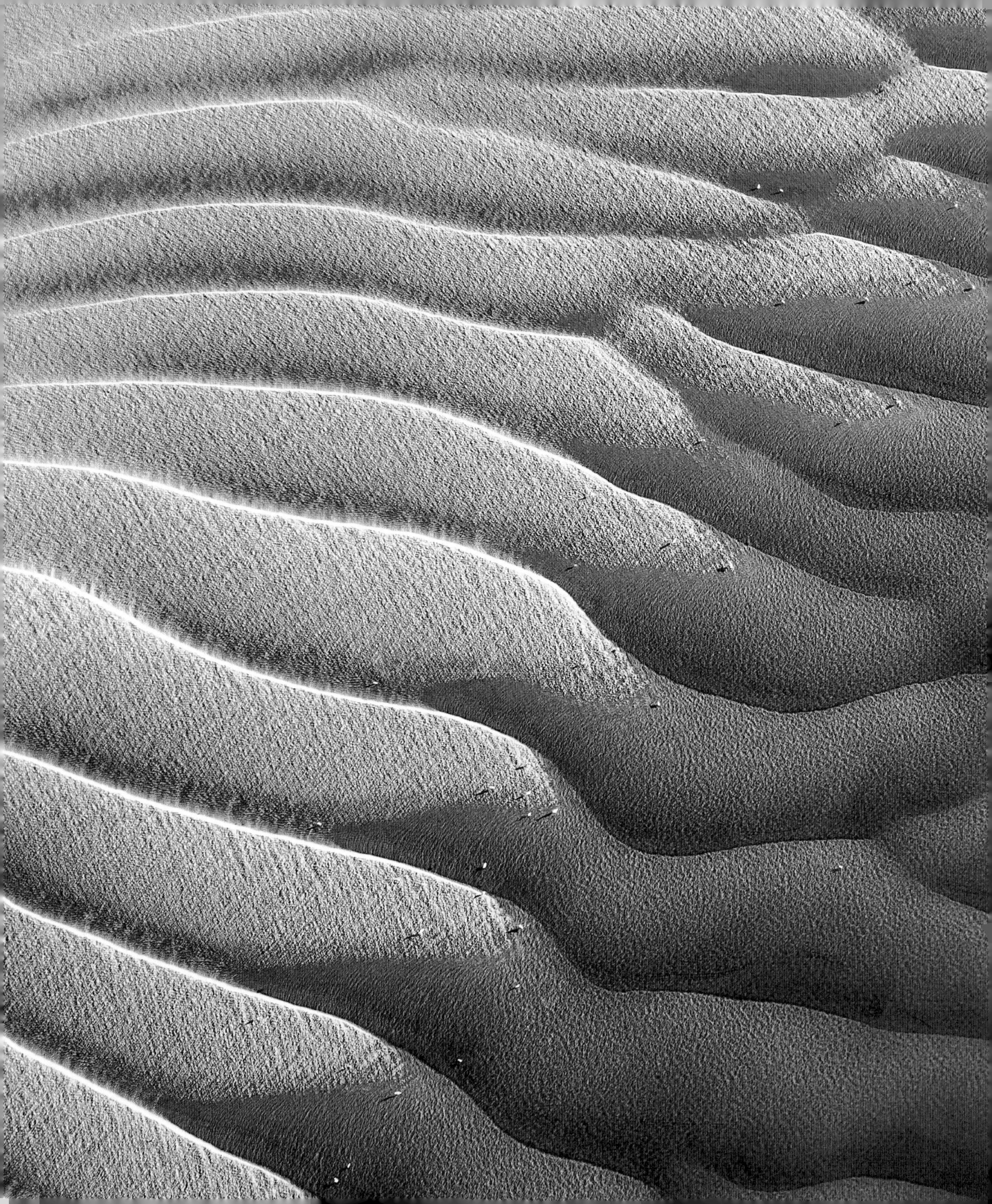

Der Blick so weit

Die Vogelperspektive offenbart, wie weit das Land hier tatsächlich ist. Die Grenze zum Meer bildet der Deich; lebhaft grün leuchtend. Doch wirkt dieses unnatürlich gerade Band technisch und fremd. Auch vielen Salzwiesen vor dem Deich sieht man an, dass sie ursprünglich ein Werk des Menschen sind. Sie sind entstanden, weil man lange Schlick-Fangzäune aus Reisig kreuz und quer ins Watt hinausgebaut hat, die Lahnungen. In diesen Lahnungsfeldern kommt das Wasser zur Ruhe, sodass sich die Schlick- und Tonpartikel absetzen können. Dadurch verlandet das Watt mit der Zeit. Erste salzresistente Pflanzen siedeln sich an. Das Watt wandelt sich zur Wiese.

Wo man die Lahnungsfelder sich selbst überlässt, wachsen die grünen Salzwiesen und das graubraune Watt organisch zusammen.

Inseln in der Zeit

Weithin sind die Inseln und Halligen sichtbar. Die ostfriesischen Inseln ziehen sich wie lange Bänder dahin – von Borkum im Westen bis nach Wangerooge im Osten. Dicht nebeneinander liegen sie wie an einer Kette, voneinander nur durch die schmalen Seegatts getrennt. Sie sind vor allem im Sommer das Ziel vieler Urlauber. Im Herbst und Winter wirken die kleinen Inseldörfer verschlafen und an regnerischen Tagen fast menschenleer. Mit den ersten warmen Sonnenstrahlen um die Osterzeit aber kommen die Gäste. Die Insel Norderney hat etwa 8.000 Einwohner – im Lauf eines Jahres kommen mehr als eine halbe Million Touristen hinzu. Ungemein vielfältig ist die Hallig- und Inselwelt Nordfrieslands. Amrum und Föhr recken ihren Geestrücken empor, hoch ragen die hell leuchtenden Dünen auf. Die Insel Pellworm ruht als flacher, grüner Fleck im Watt; das Ackerland ringsum gesichert durch einen hohen Deich. Dazwischen die Halligen, jene kleinen Marscheneilande, mit den saftigen Wiesen, die nur durch einen flachen Deich, den Sommerdeich, geschützt sind. Bei Orkan und hohen Wasserständen überspült die Nordsee diesen Schutzring. Wie Inseln in der Zeit treiben dann die Warften in der Nordsee, kleine Hügel, auf denen die Hallighäuser erbaut sind. Der Flug geht vorbei an Hallig Hooge, die wie ein großer grüner Schuh daliegt, hinüber zur Hallig Langeneß, der größten Hallig, die sich gut zehn Kilometer ins Wattenmeer erstreckt.

Verloren und verletzlich wirken die Halligen mit ihren Warften, wenn der Orkan tobt und die Nordsee über die Eilande hinwegrollt. Das Wasser schäumt, als würde es kochen. Bedrohlich sieht man die Wogen heranrollen, ihre Kämme brechen. Verschwunden sind dann die Wattflächen, und mit ihnen selbst die höchsten Sände, die bei einer gewöhnlichen Flut stets aus dem Meer ragen. Nichts lässt dann erahnen, das unter dem Tosen ein riesiger Lebensraum ruht, dessen ganze Schönheit sich dem offenbart, der die Gelegenheit hat, einmal von oben auf ihn hinabzublicken.

Wie im Traum schweben die Halligen im Meer.

3 Ritterschlag für das Wattenmeer

Fragt man Bekannte und Freunde, welche faszinierenden und bedeutenden Naturgebiete ihnen in den Sinn kommen, dann nennen viele den schroffen Grand Canyon in den USA, den Amazonas-Regenwald oder das Great Barrier Reef vor Australien mit seinen bunt schillernden Korallenriffen. Das Wattenmeer steht da eher nicht an erster Stelle. Doch das Gute liegt so nah. Das Wattenmeer ist ein weltweit einzigartiger Lebensraum.

Nirgendwo sonst gibt es ein so großes, zusammenhängendes Wattgebiet, in dem so viele Pflanzen- und Tierarten heimisch sind, darunter viele Spezialisten, die bestens an das Leben in diesem extremen Lebensraum, an Ebbe und Flut, Überfluten und Trockenfallen angepasst sind. Die von Prielen und Strömen durchzogenen Sand- und Schlickflächen erstrecken sich von West nach Nordost rund 500 Kilometer weit, vom westlichsten Punkt, der niederländischen Gemeinde Den Helder bis zur dänischen Stadt Esbjerg. Alles in allem bedeckt das Watt eine Fläche, die gut viermal so groß wie das Saarland ist.

Ein weiter Lebensraum

Und noch etwas macht das Wattenmeer so besonders: Es ist ein Naturgebiet, das der Mensch bis heute nur wenig verändert hat, obwohl es direkt am Rand Westeuropas liegt, einer der am stärksten industrialisierten Regionen der Welt. Insofern grenzt es fast an ein Wunder, dass es diesen Lebensraum noch gibt, einen Lebensraum, in dem allein die Gezeiten, der Wind und die Wellen regieren, in dem Pflanzen und Tiere weitgehend ungestört leben. Damit ist das Wattenmeer bis heute einer der wenigen ursprünglichen und wilden Lebensräume, die es in Europa und vielleicht sogar auf der ganzen Welt gibt.

Früher sah man das anders. Das Watt galt als trostlos und heimtückisch, als rückständige und wertlose Freifläche, die wirtschaftlich zu entwickeln sei. Die Seevogelbestände wurden als unerschöpflich angesehen. Touristen und Einheimische schossen die Vögel

zum Vergnügen. Im Frühling sammelte man in den Marschen und Salzwiesen Eier aus den Nestern der Möwen und Gänse, um sie zu essen oder als Delikatesse zu verkaufen. Bürger aus der friesischen Stadt Jever schickten Reichkanzler Otto von Bismarck jährlich zu seinem Geburtstag am 1. April 100 Kiebitzeier – aus Ergebenheit gegenüber dem großen Sieger des Deutsch-Französischen Kriegs von 1871. Das Wattenmeer war vor allem eines: ein wertloser, ungezähmter Raum, der allenfalls Eier, Fisch, Muscheln und Jagdgeflügel lieferte. Im vergangenen Jahrhundert begann dann die große Zeit des Deichbaus. Man wollte ein für allemal weite Teile des Wattenmeeres eindeichen, um die Flächen landwirtschaftlich nutzen und Industrie ansiedeln zu können.

Ein Jahrzehnte langer Kampf

Zum Glück ist dieser Plan nicht aufgegangen, und so gibt es das Wattenmeer auch heute noch. Dass es sich seine Ursprünglichkeit bewahrt hat, ist den Naturschützern zu verdanken, die sich in einem Jahrzehnte langen Kampf, der in den 1960er-Jahren begann, für diesen Lebensraum stark gemacht haben. Ihnen ist es gelungen, über die Staatsgrenzen hinweg gemeinsam für einen Lebensraum einzustehen, der grenzenlos ist und als Ganzes geschützt werden muss. Der lange Kampf hatte schließlich Erfolg: Am 1. Oktober 1985 verabschiedete Schleswig-Holstein sein Nationalparkgesetz. Niedersachsen folgte 1986. Und 1990 erklärte auch Hamburg sein Wattgebiet zum Nationalpark. In Dänemark dauerte es etwas länger. Dort wurde das Wattenmeer erst am 16. Oktober 2010 zum Nationalpark. Anders als in Deutschland gehören in Dänemark allerdings sogar größere Teile des Binnenlandes dazu – etwa die Marsch in der Nähe des hübschen Städtchens Ribe und die großen Dünen auf der Halbinsel Skallingen bei Esbjerg. In den Niederlanden ist das Wattenmeer schon seit vielen Jahren Naturschutzgebiet.

Einer der Sehnsuchtsorte Deutschlands: der Leuchtturm Westerheversand, der heute inmitten geschützter Salzwiesen steht.

Das Wattenmeer wird geadelt

Der grenzüberschreitende Schutz führte schließlich dazu, dass das Wattenmeer vor einigen Jahren als einzigartiger Lebensraum geadelt wurde: Im Jahr 2009 nahm die UNESCO, die Organisation der Vereinten Nationen für Erziehung, Wissenschaft und Kultur, den größten Teil des Wattenmeeres in ihre Weltnaturerbe-Liste auf, zu der eben auch der Grand-Canyon-Nationalpark, der Amazonas-Regenwald oder das Great-Barrier-Reef gehören. Der Welterbestatus ist die international höchste Schutzkategorie, die ein Naturgebiet erhalten kann – der Ritterschlag.

Doch bevor die UNESCO ein Gebiet als Welterbe ausweist, muss der »außergewöhnliche universelle Wert« dieses Lebensraumes nachgewiesen werden. Darunter versteht die UNESCO, dass ein Gebiet eine außerordentliche Bedeutung hat, die über die nationalen Grenzen hinausgeht. Auch soll dieses Gebiet einen allgemeingültigen Wert für heutige und künftige Generationen sowie für die Menschheit insgesamt haben. Der außergewöhnliche universelle Wert des Weltnaturerbes Wattenmeer besteht laut UNESCO darin, dass es das weltweit größte zusammenhängende Gezeitengebiet ist, in dem die natürlichen Prozesse weitgehend ungestört ablaufen. Da viele Flüsse in das Wattenmeer münden und die Gezeiten das Nordseewasser ständig hin- und hertransportieren, ändert sich häufig der Salzgehalt. Dieser Übergangsbereich zwischen Land und Meer sowie Salz- und Süßwasser ist reich an speziell an diese Umweltbedingungen angepassten Arten. Nicht zuletzt ist das Wattenmeer für Millionen von Zugvögeln überlebenswichtig, weil es ungeheure Mengen an Nahrung bietet. Krebse, Muscheln, Schnecken und Würmer sind für die vielen verschiedenen Vogelarten ein ideales Futter, das Energie für den kräftezehrenden Zug liefert.

Spuren der Eiszeit in einem Jahrtausende alten Lebensraum: Findlinge ragen vor der Insel Föhr aus dem Schlick.

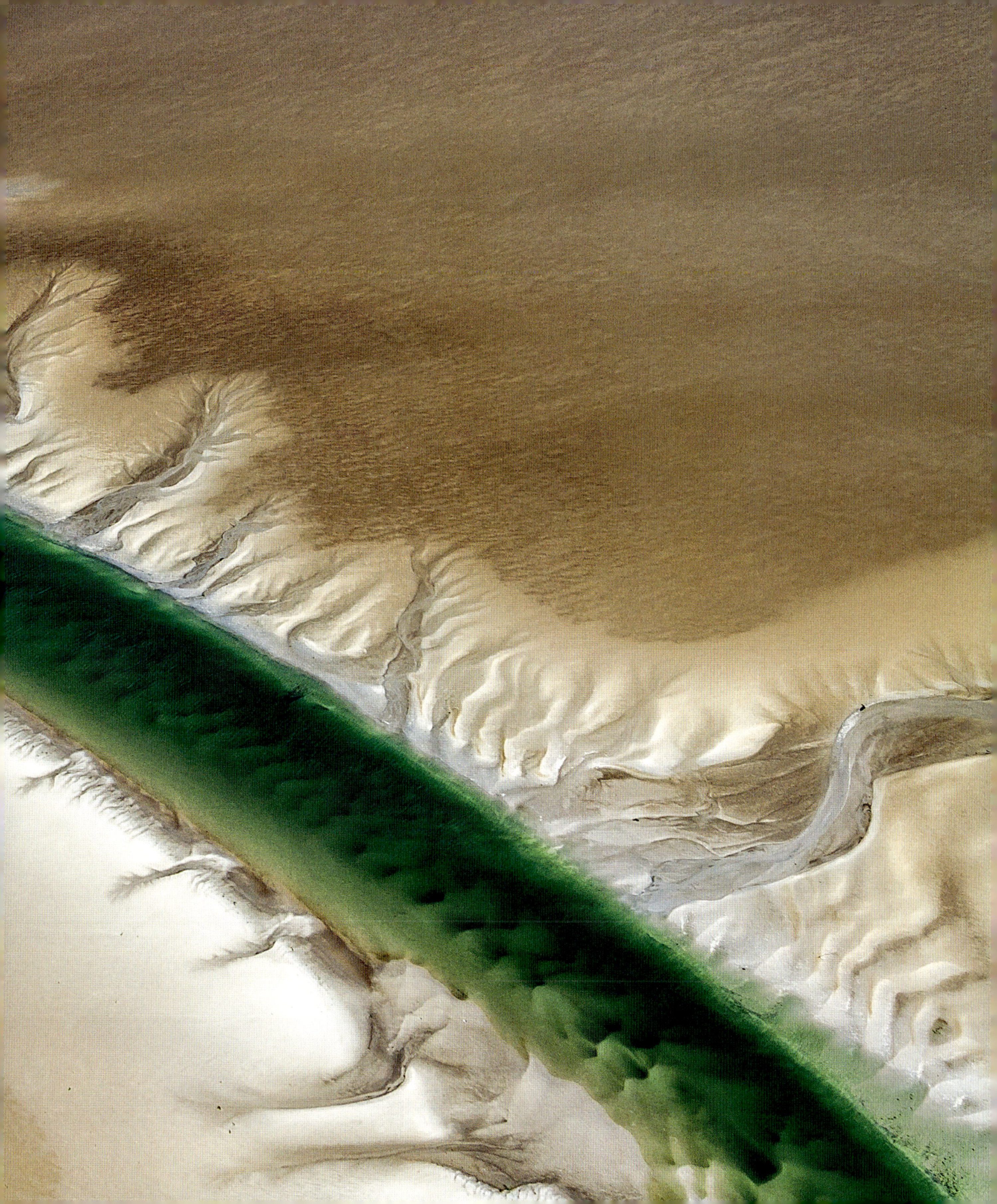

Um in die Welterbeliste aufgenommen zu werden, müssen Gebiete »eigenständig« und »in sich abgeschlossen« sein, was im Fall des Wattenmeeres definitiv zutrifft, und darüber hinaus auch unter Schutz stehen. Ohne den langen Kampf um den Schutz des Wattenmeeres, ohne die Nationalparks und die Naturschutzgebiete hätte das Wattenmeer also nie Welterbe werden können.

Die Aufnahme in die Weltnaturerbe-Liste der UNESCO ist übrigens keineswegs eine reine Prestigesache. Der Titel verpflichtet. So heißt es im internationalen Welterbe-Übereinkommen: »Jede Schädigung von Kultur- und Naturerbe, gleichgültig welchem Volke es gehört, bedeutet eine Schädigung des Erbes der ganzen Menschheit. Sie müssen daher als Bestandteil des Welterbes der ganzen Menschheit erhalten bleiben.« Diese Worte sind zugleich eine Mahnung an den jeweiligen Staat, sorgsam mit seinem Erbe umzugehen. Was nicht zuletzt auch eine Garantie dafür ist, dass das einzigartige Wattenmeer auf Dauer als Schutzgebiet erhalten bleibt.

Schützenswert und wunderschön:
An klaren Tagen lässt die untergehende Sonne den weiten Himmel und das Watt rot-violett erstrahlen.

4 Gestaltende Kräfte

Nichts prägt die Gestalt des Wattenmeeres stärker als die Gezeiten; es ist der ständige Wechsel von Ebbe und Flut, der ewige Strom von Wasser, der die Sand- und Schlicklandschaft formt. Doch Gezeiten gibt es nicht nur im Wattenmeer, sondern an fast allen Küsten der Welt. Schließlich sind Ebbe und Flut das Ergebnis eines Wechselspiels astronomischer Kräfte: der Anziehungskraft des Mondes und der Rotation der Erde.

Beides führt dazu, dass auf dem Globus zwei Wasserberge entstehen, unter denen sich die Erde hindurchdreht. Mann kennt die Gezeiten daher nicht nur an der Nordseeküste, sondern auch in der Bretagne, wo der Wasserstand zwischen Ebbe und Flut um mehrere Meter schwanken kann. In der Bay of Fundy, einer Meeresbucht an der Ostküste Kanadas, beträgt der Höhenunterschied zwischen Niedrig- und Hochwasser, der Tidenhub, sogar rund 13 Meter; ein Weltrekord. Die Bucht ist sehr eng, weshalb das Wasser stark ansteigt, wenn die Flut es hineindrückt.

Andere Küsten, andere Watten

Auch Wattflächen, die vom Wasser regelmäßig überspült werden, gibt es weltweit an vielen Küsten – sofern sie flach in das Meer abfallen. Meist sind sie dort entstanden, wo Flüsse große Mengen von Sand und Schwebstoffen ins Meer getragen haben. Ein Beispiel ist die Mündung des Mississippi im Süden der USA. Auch dort gibt es – wie an der Nordsee – Salzwiesen, die »saltmarshes«. In der Normandie hingegen kann man bei Ebbe eine ausgedehnte Wattwanderung um den Mont-Saint-Michel machen, jene weltberühmte Abtei, die auf einer trutzigen Felseninsel erbaut wurde. Auch hier ist das Watt viele Kilometer breit.

Doch obwohl sich die Landschaften ähneln, hat sich nur an der Nordseeküste im Lauf der letzten Jahrtausende ein Wattenmeer von gigantischen Ausmaßen gebildet. Dass es dazu kam, ist ein erdgeschichtlicher Zufall: Die Nordsee ist ein sehr flaches und vor allem junges Meer. Nach der letzten Eiszeit vor rund 10.000 Jahren war das Gebiet zwischen den heutigen Niederlanden, Dänemark, Deutschland und Großbritannien noch eine zusammenhängende flache Landmasse, die bis jenseits von Irland und Schottland reichte. Doggerland nennen Fachleute diese feuchte Sumpfregion heute. Große Flüsse zogen sich durch das Gebiet, die mächtigen Vorläufer von Elbe, Weser, Rhein und Themse. Wie der Mississippi schleppten sie Unmengen an Sand ins Doggerlandgebiet. Mit dem

Abschmelzen der großen Eiszeit-Gletscher aber stieg der Meeresspiegel. Und so ging das Doggerland langsam unter. Vor etwa 8.000 Jahren war es ganz verschwunden. Die Nordsee entstand, an deren Grund heute noch die Sandmassen der alten Doggerlandflüsse lagern. Winde und Strömungen tragen diesen Sand seit Jahrtausenden an unsere Nordseeküste. Und so konnte das Watt langsam emporwachsen und mit dem natürlichen Anstieg des Meeresspiegels seit der letzten Eiszeit mithalten. Das Wattenmeer ist also streng genommen ein Abkömmling des untergegangenen Doggerlands. Und es ist bereits mehrere Tausend Jahre alt.

Immer in Bewegung

So unveränderlich wie es scheint, ist es aber nicht; es verändert ständig sein Gesicht. Wie die Ostfriesischen Inseln vor der niedersächsischen Küste zeigen, wird der Sand durch die Meeresströmung und den Westwind von der Westseite der Inseln in den Osten verlagert. Früher wanderten die Inseln dadurch im Lauf der Zeit. Doch schon im 19. Jahrhundert begann man, die Inseln mit Steinkanten und Wellenbrechern, den Buhnen, zu befestigen. Die Wanderbewegung der Inseln wurden so weitgehend aufgehalten. Dennoch nagen auch heute noch Wind und Wellen an den Inseln. Die Insel Wangerooge in Niedersachsen etwa büßt in jedem Winter einen großen Teil ihres Strandes ein. In jedem Frühjahr muss die Gemeinde lastwagenweise Sand heranschaffen, um den Strand wieder herzurichten.

Da kleine Sandkörner und feine Sediment- und Tonpartikel leicht von der Brandung fortgerissen werden, gibt es seewärts der Nordseeinseln, wo die Wellen gegen den Strand krachen, kaum Wattflächen. Ausnahmen sind die großen Sandbänke, die westlich der Halligen im Nordfriesischen Wattenmeer liegen. Hier lagern sich gröbere Sandkörner. Wer bei Sturm barfuß über eine solche Sandbank wandert, spürt, wie grob dieser Sand ist. Der Sturm treibt ihn flach vor sich her. Wie ein Sandstrahlgebläse peitscht er die Füße und Unterschenkel – und natürlich auch die wenigen Pflanzen, die dort Fuß gefasst haben.

Bei Sturm peitschen Böen das Wasser auf, als würde es kochen. Was zerstörend anmutet, ist aufbauend: Mit den Wellen gelangt frischer Sand aus der Nordsee ins Wattenmeer.

Küsten verändern sich

Wie stark die Naturkräfte Sand und Schlick verfrachten, sieht man auch an den Prielen im Watt, den tiefen mäandrierenden Rinnen, durch die bei Ebbe das Wasser von den Wattflächen in die Nordsee fließt. Getrieben durch diese Strömung, verändern die Priele stetig ihre Lage: Sie wandern. Das liegt daran, dass das Wasser an der Außenseite einer Kurve, einer Mäander, sehr schnell fließt. Es reißt den Sand und Schlick mit sich. Nach und nach bildet sich ein Steilhang, an dem das Watt immer weiter abbricht. An der Innenseite der Kurve, dem Gleithang, hingegen strömt das Wasser langsamer. Das Wasser verwirbelt sich, kommt ein wenig zur Ruhe. Sand- und Schlickteilchen lagern sich ab. Der Gleithang wächst. Letztlich führt das dazu, dass sich ein Priel in den Kurven seitlich verschiebt – in Richtung Steilhang. Die Gleithänge eines Priels, an denen sich frischer Sand und Schlick ablagern, gehören übrigens zu den gefährlichsten Stellen im Wattenmeer. Hier ist das Watt besonders weich und wasserhaltig. Wanderer können in dem weichen Boden leicht bis zu den Hüften einsinken – und sich dann kaum noch aus eigener Kraft befreien.

Priele wandern, weil an der Außenseite der Kurven Sand abgetragen wird, während sich an der Innenseite Schlickpartikel ablagern.

Schlickwatt im Schutz der Inseln

Die feineren Sand-, Schlick- und Tonpartikel, die für den weichen Wattboden so typisch sind, lagern sich dort ab, wo das Wasser an Energie verliert, vor allem im Windschatten, auf der Ostseite der Inseln. Daher liegen die ausgedehnten Wattflächen meist zwischen dem Festland und den vorgelagerten Inseln. Zwar donnern während der Herbststürme auch hier Brecher übers Watt, doch ist das Wasser bei normalen Fluten so ruhig, dass sich frisches Material ablagern kann. Eine Voraussetzung für die Entstehung solcher »Insel- oder Rückseitenwatten« ist auch, dass der Wasserstand zwischen Ebbe und Flut deutlich schwankt, sodass die Gebiete regelmäßig überflutet werden. Denn nur so kann sich frisches Material ablagern, das die Wattflächen wachsen lässt und Verluste durch Abtransport ausgleicht. Im norddeutschen Wattenmeer beträgt der Tidenhub bis zu drei Meter, wobei er von Ort zu Ort variiert. Breite Priele können durchaus mehrere Meter tief und auch bei Niedrigwasser immer überflutet sein. Höhere Wattflächen und die Sandbänke aber werden nur bei besonders starken Fluten überspült – vor allem während der Springtide. Diese tritt immer mit wenigen Tagen Verzögerung nach Neu- und Vollmond auf. Das Wasser läuft dann bei Flut besonders hoch auf. Der Grund: Mond- und Sonne stehen dann in einer Linie, sodass sich ihre Anziehungskraft verstärkt.

Wellen können eine ungeheure Kraft entfalten und während eines kräftigen Sturms große Mengen von Sand verfrachten. So verändert das Wattenmeer ständig sein Gesicht.

5

Versteckte Vielfalt

Zum Wattenmeer gehören verschiedene Lebensräume: die Inseln mit ihren Dünen, die Salzwiesen, die Priele und die tiefen Ströme, die selbst bei Ebbe Wasser führen. Den größten Teil dieser Landschaft aber machen die Sand- und Schlickflächen aus, das eigentliche »Watt«.

Viele Menschen, die das Watt zum ersten Mal sehen, halten es für öd und unbelebt. Aus gutem Grund: Bei Ebbe wirkt es wie eine Wüste. Das Leben scheint vor der Trockenheit geflohen und mit dem Wasser in der Nordsee verschwunden zu sein. Doch dieser erste Eindruck täuscht: Das Leben im Watt zeigt sich erst auf den zweiten Blick. Wer genau hinsieht, bemerkt, dass der Wattboden übersät ist mit den Spuren, die die Pflanzen und Tiere im Watt hinterlassen. Natürlich muss man diese Zeichen zu lesen wissen. Dann aber offenbart sich dem Besucher der ganze Artenreichtum, denn verborgen im Sand und Schlick leben viele verschiedene Algen, Krebse, Muscheln und Würmer. Alle sind bestens an das Leben im Watt angepasst: Um nicht von der Flut fortgespült, von Fischen und Vögeln verspeist oder bei Ebbe von der Sonne ausgetrocknet zu werden, vergraben sie sich.

Extreme Produktivität

Das Watt ist ungeheuer produktiv, weil die großen Flüsse, der Rhein, die Weser und die Elbe, viele Nährstoffe vom Land in die Nordsee tragen. Diese Nährstoffe sind ein natürlicher Dünger für die Mikroalgen im Meer, das Phytoplankton. Viele dieser Algen treiben im offenen Wasser und gelangen mit der Flut ins Watt. Andere Phytoplankton-Arten haben andere Strategien: An manchen Stellen ist der Wattboden von grünlich-braunen Belägen überzogen. Hier gedeihen Millionen sogenannter Kieselalgen im Sonnenlicht. Diese mikroskopisch kleinen Pflanzen kleben sich fest auf den Boden und aneinander – und widerstehen damit der Strömung. Für viele Tiere sind die Kieselalgen eine Hauptnahrung. Zum Beispiel für die fingerdicken Strandschnecken, die die Algen vom Boden abweiden und dabei meterlange Fraßspuren hinterlassen. Die Kieselalgen und die vielen anderen Algen sind ungemein wichtig, weil sie die Basis der Nahrungskette im Wattenmeer sind. Muscheln filtern sie aus dem Wasser, Fischlarven und Kleinkrebse schnappen nach ihnen. Von diesen wiederum ernähren sich die Fische, die ihrerseits Nahrung für die größten Raubtiere im Wattenmeer sind: die Kegelrobben und Seehunde.

Je nachdem wie fein- oder grobkörnig, schlickig oder fest der Wattboden ist, findet man unterschiedliche Arten. Ein Tier aber gibt es fast überall: den Wattwurm, der, tief im Boden verborgen, Sand in sich hineinfrisst, um die verwertbaren Nahrungsteilchen herauszufiltern. Gelegentlich schiebt er sein Hinterteil aus dem Boden, um den unverdaulichen Sand auszuscheiden. Dabei entstehen die charakteristischen Sandhäufchen, die zu Tausenden auf dem Watt liegen. Bedenkt man, dass unter jedem Häufchen ein Wattwurm steckt, wird einem schlagartig bewusst, wie viel Leben im Boden steckt.

Lernen, Spuren zu lesen

Wer es entdecken will, muss sich bücken oder in die Knie gehen, weil viele Spuren so klein sind, dass man sie leicht übersieht. Etwa die kleinen schwarzen, nur Stecknadelkopf großen Häufchen des Kotpillenwurms. Wie der Wattwurm frisst der Kotpillenwurm Sand in sich hinein. Allerdings ist er so dünn, dass seine Häufchen nur mehr winzige Kleckse sind. Wer mit einer Schaufel den Wattboden umgräbt, legt mit etwas Glück Kotpillenwürmer frei. Sie sind ein wenig dehnbar und ziehen sich in die Länge, wenn die umgegrabenen Sandbrocken auseinanderfallen. Einheimische nennen den Kotpillenwurm deshalb auch Roten Gummibandwurm. Ebenfalls recht leicht zu entdecken sind kleine weiße Tiere von der Größe einer Ameise, die an vielen Stellen im Schlick krabbeln. An ihrem Kopf tragen sie zwei längliche Stiele. Es sind Schlickkrebse, die mit ihren langen dünnen Scheren, Kieselalgen vom Wattboden kratzen.

Doch das Watt erschließt man sich am besten mit allen Sinnen – nicht nur mit den Augen. Wer barfuß durch das Watt geht, spürt hin und wieder kleine harte Klümpchen unter der Fußsohle, wie Kieselsteine im Schlick. Und wer sich die Mühe macht, den Schlick dort mit der Hand zu durchwühlen, fördert fein geriffelte Muscheln zu Tage, die Herzmuscheln. Legt man die Muscheln in eine kleine Pfütze und wartet einige Minuten, dann kommt Leben in die scheinbar so leblosen Tiere: Mit einem kleinen Fuß, den sie zwischen den beiden Schalen hervorstrecken, graben sie sich zwei, drei Zentimeter tief ein. Doch selbst dann sind sie noch zu sehen. Die Muscheln haben zwei kleine Schnorchel, die sie ein Stückchen aus dem Wattboden hervorstrecken, um frisches Wasser einzusaugen. Wie zwei winzige Augen schauen diese beiden Schnorchel aus dem Wattboden hervor.

Um vor Feinden sicher zu sein, gräbt sich der Wattwurm in den Boden ein. Unverdaute Sandkörnchen scheidet er in Form von Sandkringeln aus.

Klein, aber bedeutsam: die Small Five

Viele Menschen wandern flotten Schrittes über das Watt und übersehen die unauffälligen Tiere und kleinen Kostbarkeiten – zumeist auch die nur etwa drei Millimeter langen, hell- und dunkelbraun gefärbten Wattschnecken. Die zarten Gehäuse dieser Schnecken sind zu einem hübschen Häuschen gewendelt. Die Strömung spült sie oft in den Rippeln zusammen, die Wind und Wellen im Sand geformt haben. Zunächst glaubt man, Sandkörnchen und Muschelschalensplitter zu erblicken. Doch nimmt man die Körnchen in die Hand, offenbart sich ihre wahre Schönheit. Die Wattschnecke gehört zu den »Small Five«, den wichtigsten kleinen Organismen im Wattenmeer, zusammen mit dem Wattwurm, der Herzmuschel, der Nordseegarnele und der Strandkrabbe. Diese fünf Tierarten sind so bedeutend, weil sie in großen Mengen vorkommen und von vielen Fischen und Vögeln gefressen werden.

Forscher haben versucht, die Masse an Tieren, die im Watt vergraben leben, zu messen und zu schätzen. Von Tausenden, Millionen Lebewesen ist die Rede. Teils werden sogar die vielen Bakterien mitgezählt. Doch letztlich sind solche Schätzungen müßig. Das Watt ist lebenswichtig für ungeheuer viele Tierarten und deshalb so schützenswert, so viel ist sicher. Es gilt als Kinderstube der Nordseefische, weil deren Larven hier im flachen Wasser Schutz und Nahrung finden. Hinzu kommen die vielen Tausend, während der Zugzeit gar Millionen Vögel. Für sie ist das Wattenmeer einer der wichtigsten Rast- und Fraßplätze auf ihrem viele Tausend Kilometer langen Flug.

Mutig trotz geringer Größe: Strandkrabben drohen mit ihren Scheren, wenn man ihnen zu nahe kommt. Auf ihren Panzern siedeln sich weiße Seepocken an – eine weitere Krebsart.

Schnabeltechnik

Hier und da sieht man den langbeinigen Säbelschnäbler mit dem zarten, aufwärts gebogenen Schnabel durch das Watt waten. Häufig zieht er seinen Schnabel hin und her durch den Schlick. So seiht er die kleinen Schlickkrebse und Wattschnecken aus dem Boden. Ganz ähnlich macht es die braun-weiße Brandgans mit dem knallroten Schnabel, auch sie bewegt den Schnabel hin und her und knabbert dabei die Kleintiere aus dem Schlick. Der Große Brachvogel geht anders vor. Sein langer Schnabel ist nach unten gebogen: perfekt, um das Watt nach tiefer vergrabenen Tieren zu durchstochern – nach Wattwürmern zum Beispiel. Die großen weiß-grauen Silbermöwen mit dem kräftigen gelben Schnabel wiederum fressen Herzmuscheln. Sie haben eine besondere Technik, um die Muscheln freizulegen. Sie trampeln mit ihren Füßen auf der Stelle, verflüssigen so den Wattboden und spülen die Muscheln nach oben. Die Muscheln schlucken sie im Ganzen. Der Magen der Silbermöwen ist so muskulös, dass er die Schalen zerreiben kann. Die unverdaulichen Schalensplitter spucken die Vögel dann in einer Art Gewölle wieder aus, als »Speiballen«. Dort, wo die Möwen die Muscheln aus dem Watt geholt haben, bleiben oft kleine kreisrunde Pfützen zurück – die Trampelkuhlen.

Der Säbelschnäbler seiht mit seinem feinen Schnabel Schlickkrebse, Wattschnecken und andere kleine Tiere aus dem Schlick.

6

Überleben im Salz

Wenn die Flut das Watt überspült, kehren viele Vögel von ihrer Futtersuche im Schlick ans Ufer zurück. Sie lassen sich in den Salzwiesen nieder, in denen sie vor dem Wind und Greifvögeln einigermaßen geschützt sind und in Ruhe die nächste Ebbe abwarten können.

Salzwiesen gibt es an vielen Stellen im Wattenmeer, an der Festlandküste vor den Deichen, auf den Halligen, im windgeschützten Rücken der ost- und nordfriesischen Inseln oder in den großen Meeresbuchten – dem Dollart an der Ems oder dem Jadebusen bei Wilhelmshaven – und natürlich auch in Dänemark und in den Niederlanden. Insgesamt bringen sie es auf eine beachtliche Fläche, die in etwa der Größe der Stadt Köln entspricht. Die Salzwiesen bilden sich dort, wo die Strömung schwach ist. Hier setzen sich Sand- und Schlickteilchen ab, wodurch der Wattboden langsam in die Höhe wächst – bis die ersten Pflanzen Fuß fassen.

Pflanzen als Überlebenskünstler

Doch Sturmfluten überspülen die Wiesen regelmäßig und tragen Salz heran. Hier können nur solche Pflanzen überleben, die dem Salz etwas entgegenzusetzen haben, denn Salz ist absolut tödlich – zumindest für Pflanzen. Salz wirkt wie die Sonne in der Wüste. Es saugt Pflanzen geradezu aus. Die Blumen und Gräser der Salzwiesen – man nennt sie Salzpflanzen oder Halophyten – aber haben einige Tricks auf Lager, um sich des Salzes zu erwehren. Einer der Pioniere, die das Watt als Erste erobern, ist der Queller – ein grünes Pflänzchen mit dicklichen Ästen, die sich wie die Arme eines Kaktus' emporstrecken. Er wächst zwischen Watt und Land am Rande der Salzwiesen und wird oft überflutet. Im Spätsommer, wenn der Queller abstirbt, verfärbt er sich. Dann entflammen die Ränder der Salzwiesen in warmem Rot. Der Strandflieder gilt als einer der schönsten Überlebenskünstler. Er hat kniehohe Triebe, die im Hochsommer blühen und die Salzwiesen in violett leuchtende Teppiche verwandeln.

Strategien gegen das Salz

Wo die Salzwiese noch jung und kaum bewachsen ist, streckt sich das kleine struppige Andelgras aus dem Boden. Später gesellen sich der Strandwermut, der aromatisch duftet, wenn man seine Blätter zerreibt, die Portulak-Keilmelde mit ihren dicken, bemehlten Blättern und noch etwa zwei Dutzend andere Spezies hinzu. Alle haben dasselbe Problem: das Salz. Letztlich ist es gar nicht dieser Stoff allein, der den Pflanzen so zu schaffen macht, sondern ein physikalischer Effekt: die Osmose. Wenn zwei Flüssigkeiten unterschiedlicher Salzkonzentration von einer wasserdurchlässigen Membran getrennt sind, fließt das Wasser aus der Flüssigkeit mit geringem Salzgehalt durch die Membran in die höher konzentrierte Flüssigkeit. Das Wasser hat also die Tendenz, hohe Konzentrationen auszudünnen. In salzigen Böden verlieren Pflanzen deshalb über ihre Wurzeln Wasser an den Boden, weil die Salzkonzentration dort höher ist. Gewöhnliche Pflanzen würden in der Salzwiese sterben. Die Halophyten aber verfügen über einen rettenden Mechanismus: Sie lagern in ihrem Gewebe so lange Salz ein, bis die Salzkonzentration in der Pflanze jene im Boden übersteigt – und das Wasser aus dem salzigen Boden in die Pflanze einströmt.

Doch damit handeln sich die Pflanzen das nächste Problem ein. Salz im Gewebe ist gefährlich, weil es auch im Pflanzeninneren seine osmotische Wirkung entfaltet. Nimmt die Salzkonzentration in der Pflanze zu, dann sickert das Wasser aus den Pflanzenzellen, um die höhere Konzentration im Pflanzengewebe auszugleichen. Die Zellen schrumpfen, die Blätter welken. Exitus. Die Salzpflanzen aber haben verschiedene Methoden entwickelt, um das Salz in ihrem Inneren zu neutralisieren. Der Strandflieder besitzt, ebenso wie die Strand-Grasnelke mit ihrem rosaroten Köpfchen oder das kleine Milchkraut mit seinen gedrungenen Blättern unzählige kleine Salzdrüsen, über die er das Salz wieder ausscheidet.

Die gelb-violett blühende Strandaster macht es anders. Sie pumpt das Salz in die Blätter am Fuß ihres Stängels. Diese vergilben nach und nach, vertrocknen und sterben schließlich ab. Auch die Portulak-Keilmelde überlebt dank Salz-Abwurf.

Verblühende Farbenpracht:
Strandastern im Dunst eines Spätsommerabends.

Lebensraum für seltene Insekten

Da die Pflanzen in den Salzwiesen dicht an dicht wachsen, finden viele Vogelarten hier geschützte Plätze zum Brüten und Rasten. Doch auch für Insekten sind die Blütenpflanzen wichtig – trotz der salzigen Umgebung. In den Salzwiesen von Schleswig-Holstein gibt es allein rund drei 30 Käferarten, die auf Halophyten als Lebensraum angewiesen sind. Die Käfer fressen die Pflanzen nicht nur, sie vermehren sich hier auch. Der Meerstrandwegerich-Rüsselkäfer etwa legt seine Eier am Blütenstängel ab. Die Larve entwickelt sich dann im Stängel kurz unterhalb des Blütenstandes in einer kleinen Hohlkammer, einer Galle. Die Larve knabbert das Pflanzengewebe an der Innenseite der Galle ab, das vom Wegerich immer wieder nachgebildet wird. Irgendwann, an einem warmen Sommertag, schlüpfen die Rüsselkäfer schließlich.

Vom Wiedererblühen der Wiesen

Die Salzwiesen an der Wattenmeerküste sind eine Erfolgsgeschichte des Naturschutzes. Vor rund 30 Jahren grasten auf fast 90 Prozent aller Salzwiesen am schleswig-holsteinischen Festland noch Schafe. Sie hielten den Bewuchs raspelkurz. Kaum irgendwo konnte sich die ganze Vielfalt der Pflanzen entfalten. Damals gingen Küstenschützer davon aus, dass die Salzwiesen den Wellen bei einer Sturmflut möglichst wenig Angriffsfläche bieten sollten, damit sich die Brandung in den Wiesen und am Deich totlaufen könne. Auch wurde befürchtet, dass die Wellen größere Pflanzen gleich büschelweise ausreißen würden. Damit würde die schützende Pflanzendecke verloren gehen, glaubte man. Diese Theorie ist inzwischen widerlegt: Eine Salzwiese mit höherem Bewuchs kann die

*Die Salzwiesen sind Heimat seltener Tierarten.
Der nur vier Millimeter große Halligflieder-Spitzmaus-Rüsselkäfer zum Beispiel kommt nur auf dem Strand- beziehungsweise Halligflieder vor. Er ernährt sich von saftigen Blättern und legt seine Eier in freigespülte Wurzelhälse.*

Flut bremsen und trägt damit zum Küstenschutz bei.

Um die Nationalparkidee »Natur Natur sein lassen« auch in den Salzwiesen umzusetzen, ist die Beweidung nach und nach auf immer größerer Fläche gestoppt worden. Teils erhielten Schafzüchter Prämien, wenn sie auf die Beweidung der Salzwiesen verzichteten. Und so sind die Salzwiesen an der Küste in den vergangenen Jahren neu erblüht. Heute sind nur noch 40 Prozent aller Salzwiesen in Schleswig-Holstein intensiv beweidet. Und auf einem Zehntel der Flächen grasen nur noch so wenige Schafe, dass die Pflanzen eine Chance haben nachzuwachsen und sich zu verbreiten. Auf gut der Hälfte der Wiesen aber grasen gar keine Schafe mehr. Hier dürfen sich Strandflieder und Strandaster wieder frei entfalten. Außerdem wurde hier die Entwässerung eingestellt. Früher baggerte man tiefe, gerade Rinnen in die Salzwiesen, die Grüppen, über die das Wasser aus den Flächen ablief. Diese Zeiten sind vorbei. Heute sind die Salzwiesen wieder echte Feuchtgebiete, durch die sich ungezähmte Priele winden.

Hinzu kommt, dass die Fläche der Salzwiesen am schleswig-holsteinischen Festland in den vergangenen Jahrzehnten größer geworden ist. Die Ursache für diesen Zuwachs ist die beständige Strömung aus westlicher Richtung, die Sand herantransportiert. Allein an der Küste von Dithmarschen sind die Salzwiesen um etwa die doppelte Fläche des Bodensees gewachsen. Auch auf den Halligen gehen die Einheimischen heute sanfter mit den Salzwiesen um als noch vor wenigen Jahrzehnten. Auch hier wird mit Bedacht beweidet. Im Detail wurde für jede Hallig bestimmt, wie viele Schafe und Kühe die Salzwiesen vor Ort vertragen können – und ihre Zahl entsprechend verringert.

Rücksicht auf Gänse nehmen

Salzwiesen sind für Vogelarten auch als Fraßplatz wichtig. Zur Zugzeit im Frühjahr und Herbst lassen sich hier vor allem Gänse nieder. Zu ihnen gehören die Ringelgänse, hübsche dunkelgraue Vögel, die man leicht am hellen Ring am Hals und dem weißen Hinterteil erkennen kann. Sie fressen besonders gern die zarten jungen Salzwiesenpflanzen. Sie äsen zu Hunderten in großen Trupps – als kleine dunkle Gestalten, die ringsum in den Wiesen hocken. Dumpf klingt ihr »rott, rott« über die Felder, das namensgebend für ihren plattdeutschen Namen »Rottgöös« war. Die Pflanzen liefern ihnen Energie für ihren Weg in die Arktis bis hin nach Spitzbergen und die anschließende Brut. Auf den Halligen hat man die Beweidung der Wiesen inzwischen auf die Gänse abgestimmt. Außerdem erhalten die Landwirte eine Prämie, wenn sie die äsenden Gänse auf ihren Flächen dulden.

Ein Schwarm Ringelgänse lässt sich auf den Wiesen einer Hallig nieder.

7 Auf Sand gebaut

Wenn der Wind und die Wellen an der Küste nagen, wenn die starken Wogen einer Sturmflut den Sand von den Stränden der Inseln reißen, dann zeigt sich die Nordsee von ihrer wilden Seite. Doch ist die Zerstörung zugleich der Beginn von etwas Neuem: Der Sand, den die Wellen fortragen, erschafft anderswo, meist gar nicht weit entfernt, einen neuen Lebensraum.

Die Wellen spülen ihn vom Meeresboden an andere Strände und auf die Sandbänke. Der Wind bläst ihn zu kleinen Haufen zusammen. Und sofern die nächsten Fluten ihn nicht gleich wieder fortspülen, wächst aus dem Sand ein kleiner Hügel heran. Da die Flut diese Erhebungen nur noch selten überspült, können jetzt Pflanzen Fuß fassen: Eine Düne entsteht.

Dünen gibt es im Wattenmeer an vielen Orten – auf vielen Inseln, aber auch am Festland, an der Spitze der schleswig-holsteinischen Halbinsel Eiderstedt oder auf der dänischen Halbinsel Skallingen im nördlichen Zipfel des Wattenmeeres. Viele Besucher lernen die Dünen auf ihrem Weg zum Strand kennen. Oft führen Pfade aus Holzbohlen über die Dünen und durch die Dünentäler, hinauf und hinab wie auf einem Wanderweg in den Bergen. Kaum ahnt man das Meer, spürt die Vorfreude auf den ersten Blick über die blaue See, da neigt sich jäh der Pfad hinab ins nächste Tal. Doch schließlich, nach dem letzten Anstieg ist sie da – die Nordsee. Und endlich führt der Weg durch den Sand hinab zum Strand und zur Wasserkante.

Wandert man aufmerksam durch die Dünenlandschaft, bemerkt man, wie sich das Pflanzenkleid der Dünen verändert. Wie ein lebender Organismus reift eine Düne mit der Zeit. Sie durchläuft mehrere Phasen, bis ihre Entwicklung einen Endzustand erreicht. Alle diese Phasen kann man bei einem Spaziergang durch die Dünenlandschaft entdecken. Es beginnt mit den kleinen Hügeln am Strand, die der Wind aufhäuft. Der Sand ist reich an Salz und enthält kaum Nährstoffe. Er erhitzt sich an klaren Sommertagen stark und ist alles in allem ein ausgesprochen unwirtlicher Lebensraum. Hier überleben nur die genügsamsten und zähesten Pflanzen. Zu ihnen gehört der Meersenf. Er besitzt dickliche Blättchen und Zweige, deren Ausläufer sich in einem dichten Durcheinander über den Sand ziehen. Oft bildet der Meersenf Horste, die wie kleine Inseln aus der sandigen Einöde aufragen. Er ist so zäh, dass er sogar vom Wind unter einer Decke aus Sand begraben werden kann, ohne Schaden zu nehmen: Er bildet einfach neue Triebe, mit denen er den Sand schnell wieder durchstößt. Mit seinen Wurzeln hält er den Sand fest. Mit seinen Blättern und Stängeln fängt er neuen ein. So wächst der Sandhaufen mit seiner Hilfe im Frühling und im Sommer zur Primärdüne heran.

Pflanzen binden den Sand

Auch der Strandhafer gehört zu den Pionierpflanzen der Dünen. Seine Wurzeln bilden lange Ausläufer, die unterirdisch viele Meter weit wachsen, ehe ein neuer Sprössling aufgeht, den Sand durchbricht und sich ein junges Strandhaferbüschel emporstreckt. An vielen Stränden prägt der Strandhafer das Bild der Dünen. Einen Meter hoch recken sich die harten, elastischen Halme, die in Wellen wogen, wenn Windböen über die Dünen hinwegstreichen. Der Strandhafer gehört zu den Süßgräsern. Er wächst schnell, ist genügsam, erträgt Hitze und Trockenheit. Seine Blätter sind so robust, dass sie sogar das Schmirgeln der Sandkörner überstehen, wenn ein Sturm über den Strand fegt.

Je mehr Sand der Wind heranträgt, desto höher wächst die Düne empor. 20 Meter und größer können Dünen werden. So wachsen die kleinen Primärdünen langsam zur hohen Weißdüne heran.

Weißdünen sind sehr dynamisch. Der Strandhafer aber kann den lockeren Sand mit seinem meterlangen Wurzelgeflecht verfestigen.

Strandhafer als Wegbereiter

Nach und nach gesellen sich zum Strandhafer noch weitere robuste Gräser wie die Sandsegge und das Silbergras. Und je mehr Pflanzen auf der Düne wachsen, desto mehr verwelkte Blätter, Blüten und Halme fallen zu Boden. Da in den unwirtlichen Dünen kaum Bodentiere leben, die diese Pflanzenmasse verarbeiten, bildet sich mit der Zeit unzersetzter Rohhumus. Für viele Pflanzen ist er ein idealer Nährboden – für Flechten und Moose zum Beispiel, die die Düne allmählich erobern. Damit wandelt die sandige Weißdüne ihr Gesicht. Die Pionier-Gräser verschwinden. Stattdessen überzieht sie sich jetzt mit einem dichten Pflanzenkleid und wird zur Graudüne. Mit dem dichteren Bewuchs wird auch der Boden feuchter. Neue Pflanzen ziehen ein. In den feuchten Senken gedeiht sogar der Sonnentau, eine fleischfressende Pflanze, die sonst in Mooren lebt.

Doch trotz der wachsenden Humusschicht bleibt die Düne ein nährstoffarmer Lebensraum, der vor allem Pflanzen anzieht, die magere Böden lieben. Kommt die Düne in die Jahre, dann machen sich die Besenheide und Krähenbeeren breit. Sie besitzen Wurzelpilze, die aus dem Rohhumus Mineralsalze lösen, die die Pflanzen über ihre Wurzeln aufnehmen. Schließlich bildet sich eine geschlossene Heidekrautdecke, die die Dünen im Spätsommer zur Heideblüte violett erstrahlen lässt. Hier und da gesellen sich Sanddornbüsche hinzu, deren Beeren den Vögeln im Herbst Energie liefern. Mit der Heide erreicht die Entwicklung der Dünen ihren Höhepunkt.

Auf den meisten bewohnten Nordseeinseln bleibt es dabei. Mit Sandfangzäunen sorgt der Küstenschutz dafür, dass weder Wind noch Brandung die Dünen zu stark schädigen. Denn Dünen sind ein wichtiges natürliches Bollwerk, das höher und mächtiger als die modernen Seedeiche ist. Vor allem auf den Inseln schützen sie die Dörfer vor Sturmfluten.

Die wehrhafte und schöne Stranddistel trägt ihren Namen zu Unrecht. Dieser Bewohner der Dünen ist ein Doldenblütler und mit Dill, Möhre und Fenchel verwandt.

Das unstete Wesen der Dünen

Lässt man der Natur hingegen ihren Lauf, dann zeigt die Dünenlandschaft ihr unstetes Wesen. Dünen verändern ihre Gestalt ständig. Bei schweren Sturmfluten schlagen Wellen Wunden in die welligen Landschaften. Manchmal durchbrechen die Wogen eine ganze Dünenkette, sodass der Sand wieder freiliegt. Wind und Wellen können ihn fortragen – womit die Entwicklung der Düne von Neuem beginnt. Im Sinn der Artenvielfalt ist dieses Wachsen und Vergehen der Dünen wichtig. Denn in jeder Phase sind Dünen Heimat für andere Pflanzen- und Tierarten. Auf dem Meersenf leben andere Insekten als in der Besenheide. Daher ist ein Mosaik aus alten und jungen Dünen ideal – eine Mischung aus Primär-, Weiß- und Graudünen und einer Heidelandschaft. Tatsächlich gibt es heute im Wattenmeer viele Stellen, an denen sich die Dünen ungestört entwickeln: in den weitläufigen Dünengebieten im Osten der ostfriesischen Insel oder auf den unbewohnten Inseln im Wattenmeer – etwa den Vogelinseln Memmert und Mellum in Niedersachsen und Trischen in Schleswig-Holstein. Hier bestimmen allein Wind und Wellen über das Schicksal der Dünen.

Der Anfang einer neuen Düne auf dem Kniepsand von Amrum: Pionierpflanzen fangen den vom Wind verwehten Sand ein.

Kostenloser Küstenschutz

Wo aber der Mensch Städte und Dörfer gebaut hat, sind die Dünen als Verteidigungslinie von enormer Bedeutung. In der Vergangenheit haben die Menschen das nicht immer bedacht. Seit den 1950er-Jahren reisen immer mehr Urlauber an die Nordseeküste, die nicht zuletzt mit sauberem Wasser aus den Inselbrunnen versorgt werden müssen. In der Hauptsaison schnellt der Wasserverbrauch nach oben. Dadurch ist in vielen Dünengebieten der Grundwasserspiegel gesunken, was vor allem den Pflanzen in den feuchten Dünentälern zu schaffen macht. Doch bislang hat man erst auf zwei Inseln die Wasserentnahme aus den Süßwasserbrunnen vor Ort gestoppt: auf Texel in den Niederlanden und auf Rømø in Dänemark. In Dänemark kommt ein zweites Problem hinzu. Viele Dünengebiete sind in der zweiten Hälfte des letzten Jahrhunderts mit Ferienhäusern dicht bebaut worden. Zahllose Wanderwege ziehen sich noch heute durch die zwar mächtige aber doch verletzliche Landschaft. Alles zusammen sind das etliche Wunden, die die schützende Pflanzendecke aufgerissen haben – und an denen der Wind angreifen kann.

Sand ist an der Küste fast immer in Bewegung. Mancherorts türmt sich die Fracht zu hohen Dünen auf, die sich an heißen Sommertagen in der Luft spiegeln.

8 Blütenpflanzen unter Wasser

Wenn es um Pflanzen im Meer geht, dann denken wohl die meisten an Algen und Tang, an Pflanzen, die sich mit kleinen Haftorganen an Steine und Felsen kleben, um nicht weggespült zu werden. Tatsächlich aber gibt es im Meer auch Blütenpflanzen, die sich mit Wurzeln im Boden verankern – die Seegräser.

Man findet sie im Wattenmeer, in der Lübecker Bucht oder auch im Südchinesischen Meer. Sie bestehen aus langen dünnen Blättern und gedeihen im flachen lichtdurchfluteten Wasser. Mancherorts bilden sie riesige Seegraswiesen – wie ein Rasen im Meer. Die Seegräser besitzen kleine Blüten, die einer Ähre ähneln und versteckt in einer Blattscheide liegen. Alles in allem sind sie ausgesprochen unauffällig. Trotzdem sind Seegraswiesen wichtig. Zahllose Schnecken leben darin, die Algen vom Seegras abweiden. Junge Fische finden in den Seegraswiesen Schutz vor Feinden. Und manche Zugvögel, wie die Pfeifenten oder Ringelgänse, brauchen das Seegras als Futter. Inzwischen wissen Experten auch, dass das Seegras als Kohlenstoffspeicher von Bedeutung ist. Insgesamt nehmen die Wiesen weltweit eine beträchtliche Menge an Kohlendioxid aus der Atmosphäre auf und speichern es. Damit wirkt das Seegras dem Klimawandel entgegen.

Ein kaum beachteter Lebensraum

Lange Zeit hatten Meeresforscher das Seegras kaum beachtet – auch im Wattenmeer nicht. Das unspektakuläre Seegras war einfach immer schon da. Früher nutzten es die Nordseebewohner, um Matratzen damit auszustopfen. Zu viel mehr schien es nicht nütze zu sein. Erst als die Seegrasbestände in den 1970er-Jahren langsam zu schrumpfen begannen, wurden Forscher aufmerksam. Im nordfriesischen Wattenmeer begannen sie, die Seegrasflächen genauer zu erfassen. Mitte der 1990er-Jahre folgte dann der große Schreck: Die Seegrasflächen waren auf ein Viertel der ursprünglichen Größe geschrumpft.

Die Ursachen lagen auf der Hand: Vor allem in den 1970er- und 1980er-Jahren waren große Mengen an Phosphat und Stickstoff durch Elbe, Weser und Rhein in die Nordsee gelangt. Der Stickstoff stammte vor allem aus der Landwirtschaft, aus Gülle und Kunstdünger; das Phosphat ebenfalls aus Kunstdünger, aber auch aus Waschmitteln, denen es damals als Enthärter zugesetzt war. Dank des künstlichen Phosphat- und Stickstoffsegens vermehrten sich die Algen in der Nordsee enorm. Das Wasser trübte sich. Das Seegras bekam kaum noch Licht. Außerdem vermehrten sich fädige Grünalgen, die das Seegras überwucherten. So starben die Seegraswiesen nach und nach an vielen Stellen ab.

Doch dann änderte sich die Situation: Durch ein Verbot von Phosphat in Waschmitteln und eine Aufrüstung der Kläranlagen sanken die Phosphatmengen im Abwasser. Und durch strengere Auflagen für die Landwirtschaft und bessere Düngemittel nahm auch der Eintrag von Stickstoff ab. Langsam erholte sich die Nordsee. Das Wasser wurde wieder sauberer und klarer. Damit bekamen die Seegraswiesen eine Chance, sich zu erholen. Zwar dauerte es bis in dieses Jahrhundert; doch nach und nach eroberten die Pflanzen ihre alten Reviere zurück.

Das Seegras ist zurück

Vor einiger Zeit haben die Forscher die heutigen Seegrasbestände im nordfriesischen Wattenmeer mit Luftaufnahmen des Wattenmeeres aus den 1930er- und 1950er-Jahren verglichen – und konnten Erfreuliches melden: Die Seegrasflächen sind heute wieder so groß wie vor dem Zweiten Weltkrieg. Das Seegras ist zurück und wächst an manchen Stellen sogar dichter als damals. Die wieder besiedelten Flächen haben sogar dieselbe Form wie früher, wahrscheinlich, weil die Meeresströmungen im Wattenmeer heute so ähnlich wie damals sind. Das Seegras wächst vor allem im Schutz der Inseln und großen Sandbänke. Und die haben ihre Position nicht wesentlich verändert.

Seegras ist grasgrün. Manchmal aber wird es von rotgefärbten Algen überwuchert.

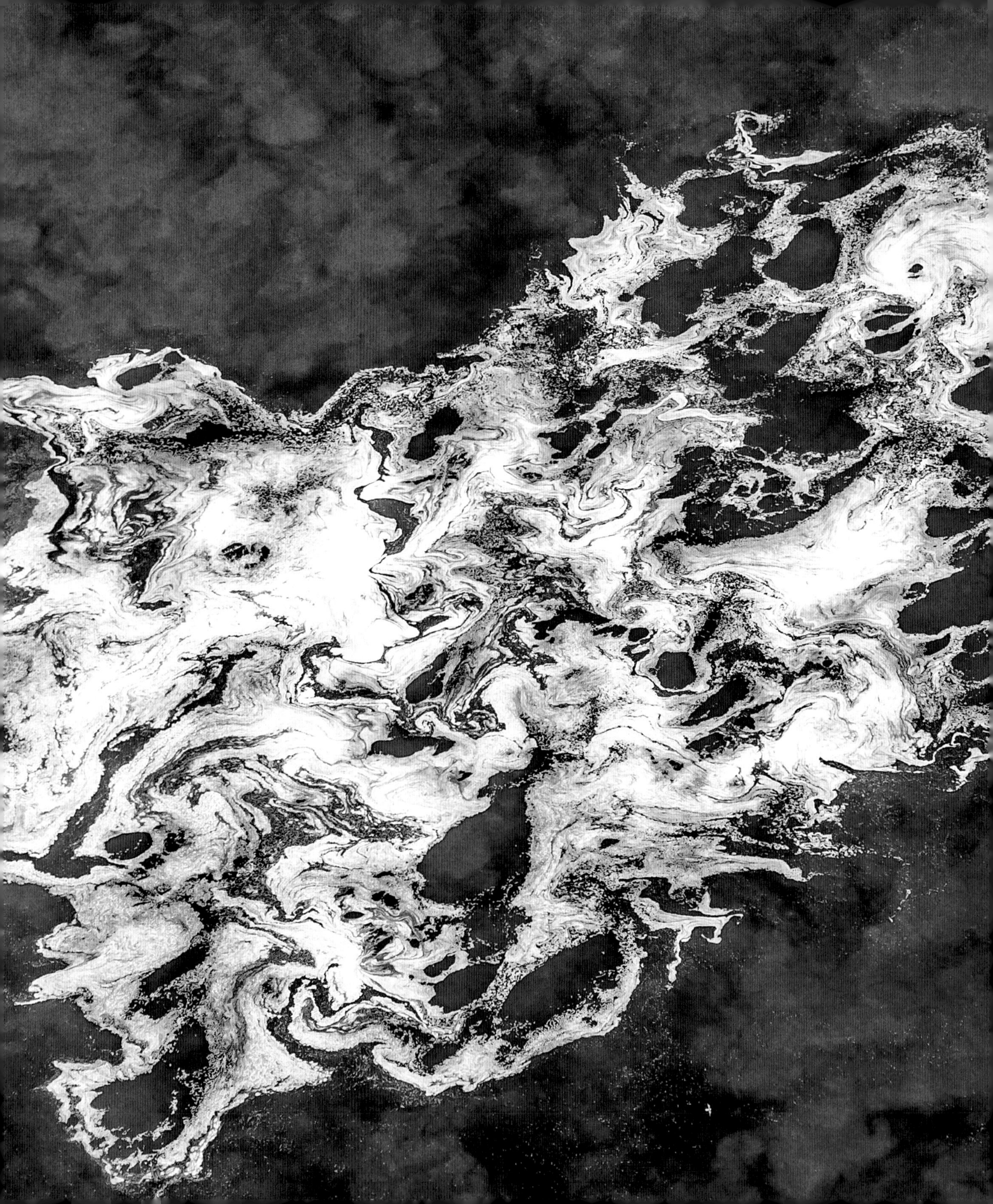

Vorbild für die Welt?

Die Erfolgsgeschichte aus dem Wattenmeer könnte ein Vorbild für die Welt sein, denn in anderen Gebieten sterben Seegraswiesen heute schneller ab als im Wattenmeer vor 30 Jahren. Auch hier sind die vielen Nährstoffe aus der Landwirtschaft die Ursache. In China kommen noch die Abwässer aus Fischzuchtanlagen hinzu. Anderswo pflügen Fischerboote mit ihren Schleppnetzen den Meeresboden um und entwurzeln damit die zarten Pflanzen.

In manchen Regionen schrumpfen die Seegraswiesen derzeit jährlich um rund sieben Prozent. Für Küstenschützer ist das ein Warnsignal: Seegraswiesen sind eine erste wichtige Verteidigungslinie, die bei Sturm die Brandung dämpft. Ist das Seegras durch die Meeresverschmutzung erst einmal verschwunden, siedelt es sich zunächst kaum wieder an. Denn sobald die Seegraswiesen verschwunden sind, ist die Wasserströmung so stark, dass neue Keimlinge nicht Fuß fassen können. In einem internationalen Projekt arbeiten Forscher daher an einem ungewöhnlichen Konzept, um zerstörte Seegraswiesen wieder anzusiedeln: Sie entwickeln künstliche Seegrasmatten aus biologisch abbaubarem Kunststoff – eine Art Fransenteppich für den Meeresboden, der Keimlingen Schutz bieten soll.

Ende gut ...

Vielleicht gelingt es tatsächlich, mit solchen Ideen die Seegraswiesen weltweit zu retten, so wie es im Wattenmeer geglückt ist. Dort konnten neue Keimlinge in den alten Gebieten Fuß fassen, weil sie durch die Inseln und Halligen vor der Nordseebrandung geschützt sind. Und so gehen heute in den riesigen Seegraswiesen vor Nordfriesland während der Flut wieder ungezählte Jungfische und Krebse auf die Jagd. Und im Frühling und Herbst landen jetzt wieder Tausende von Enten und Gänsen auf den neu ergrünten Flächen. Vor allem zwischen den Halligen und den Inseln Pellworm und Nordstrand geht es dann hoch her.

Für Fische wie die Großen Seenadeln sind Seegraswiesen ein wichtiger Lebensraum. Im Schutz der Pflanzen legen die Weibchen ihre Eier ab, die die Männchen dann bis zum Schlupf der Jungen an ihrem Bauch tragen.

9

Paradies für Muscheln

Das Watt ist nicht überall bretteben und gleichförmig. Lässt man seinen Blick über dieses Meer aus Sand und Schlick wandern, sieht man in der Ferne hin und wieder dunkle Erhebungen, die über die Fläche hinausragen wie ein trockengefallenes Riff.

Geht man etwas näher heran, erkennt man, dass sich hier Tausende von Muscheln dicht an dicht auf dem Wattboden niedergelassen haben: blauschwarze, dickschalige Miesmuscheln, die in Frankreich gern frisch gekocht als »Moules« gegessen werden.

Die meisten Wattbewohner vergraben sich, um bei Flut vor den Wellen und bei Ebbe vor der Sonne und Feinden geschützt zu sein. Nicht so die Miesmuscheln: Die Tiere halten sich mit dünnen, zähen Fäden aneinander fest, den Byssusfäden, die sie über eine Drüse ausscheiden. Diese bestehen aus einem Eiweiß, das im Wasser in wenigen Minuten aushärtet. Fest miteinander verzurrt, bilden die vielen Tausend Miesmuscheln eine Muschelbank, die tonnenschwer ist und sogar der Kraft großer Wellen Stand hält. So können die Tiere auf dem Watt überleben.

Lebendige Wasserfilter

Die Miesmuscheln siedeln sich an den tiefer liegenden Stellen im Watt an, dort, wo sie noch längere Zeit vom Wasser umspült werden, wenn die Ebbe bereits eingesetzt hat. Doch irgendwann liegen sie trocken. Dann ziehen sie ihre beiden Schalen fest zusammen, um nicht auszudörren. Sie drosseln ihren Stoffwechsel und ruhen, bis die Flut kommt. Erst wenn das Wasser sie aufs Neue umspült, öffnen sie ihre Schalen wieder. Durch einen schmalen Spalt lassen sie das frische Wasser einströmen. Wie alle Muschelarten atmen sie durch Kiemen. Sie ernähren sich von kleinen Nahrungsteilchen und winzigen Algen, die im Wasser treiben. Diese filtern sie mit einem kleinen Organ in ihrem Inneren heraus, das einem Kamm ähnelt. Ohne Unterlass saugen sie Wasser ein. Eine wenige Zentimeter große Miesmuschel kann so pro Stunde gut zwei Liter Meerwasser filtern und reinigen.

Fester Halt für Pflanzen und Tiere

Die Miesmuschelbänke sind Heimat vieler anderer Meeresorganismen, weil sie etwas bieten, das es im Wattenmeer sonst nicht gibt: festen Halt. Größere Algen und Tange halten sich mit ihren Saugorganen an den Muschelschalen fest. Garnelen und kleine Strandkrabben finden in den Ritzen zwischen den Muscheln Unterschlupf. Am Fuß der Muschelbänke, dort, wo auch bei Ebbe noch Pfützen aus Salzwasser verbleiben, siedeln sich sogar Seeanemonen an. Sind sie vom Wasser bedeckt, öffnen diese hübschen Nesseltiere ihren zarten Kranz aus kleinen Tentakeln wie eine Asternblüte in der Herbstsonne. Sie leben von Kleinkrebsen und Fischlarven, die in ihren Nesselfäden hängen bleiben. Alles in allem gehören die Miesmuschelbänke zu den artenreichsten Flecken im Wattenmeer

Natürlich gehen dort, wo viele Tiere leben, andere auf die Jagd. Bei Ebbe steuern Möwen und Austernfischer die Muschelbänke an, um dort nach Nahrung zu suchen. Die Möwen picken Strandkrabben aus den Ritzen und schlucken kleinere Miesmuscheln im Ganzen herunter. Die Austernfischer gehen eher wie Feinschmecker ans Werk: Sie hämmern so lange auf einer Schale herum, bis sie bricht. Auch während der Flut suchen Tiere in den Muschelbänken nach Nahrung. Die Eiderenten zum Beispiel tauchen dann hinunter, um mit ihrem kräftigen Schnabel junge Miesmuscheln aus der Muschelbank zu reißen. Wie die Silbermöwen schlucken Eiderenten Muscheln im Ganzen, um sie dann in ihrem kräftigen Magen zu zermalmen.

Miesmuscheln verankern sich mit Byssusfäden und sind dadurch selbst in stark strömenden Prielen vor Verdriftung geschützt.

MOULES
PÉNESTIN
4€,80 le

Große Nachfrage

Da Miesmuscheln in Belgien, Frankreich, den Niederlanden und anderen Ländern als Delikatesse beliebt sind, gibt es schon seit Jahrzehnten eine große Nachfrage nach Muscheln aus dem Wattenmeer – ein großer Teil davon geht in den Export. Bis vor wenigen Jahren wurden die Muschelbänke im Watt daher intensiv befischt. Die Fischer hobelten die Muschelbänke bei Flut mit schwerem Stahlgeschirr, den Dredgen, regelrecht vom Meeresboden ab. Die Schäden, die sie damit anrichteten, waren immens: Viele Tiere, die in den ersten Zentimetern des Wattbodens leben, wurden zerquetscht. Überhaupt war der Druck auf die Miesmuscheln immer hoch. Während des Zweiten Weltkrieges sammelten die Menschen sie in großen Mengen, um sich mit Eiweiß zu versorgen. Nach dem Krieg raffte dann ein Parasit vor allem in den Niederlanden und Ostfriesland Muschelbänke dahin. Daher verlegten viele Fischer den Fang nach Schleswig-Holstein. Die Population der Miesmuscheln war schließlich so gefährdet, dass die schleswig-holsteinische Landesregierung bereits Anfang der 1950er-Jahre erstmals die Fischerei im Watt einschränkte. Dennoch ging die intensive Muschelernte in den folgenden Jahrzehnten weiter.

Heute ist die Miesmuschelwirtschaft in den drei Wattenmeerländern unterschiedlich geregelt. So ist es in den Niederlanden und Schleswig-Holstein generell verboten, Flächen zu befischen, die bei Ebbe trocken fallen. Nur in vier größeren Wattströmen in Schleswig-Holstein, die auch bei Flut Wasser führen, dürfen die Fischer ihr Fanggeschirr auswerfen. In Niedersachsen indes darf in einigen Wattgebieten gefischt werden. Allerdings dürfen nur junge Muscheln entnommen werden, die dann in Aufzuchtflächen heranwachsen. Alte Muschelbänke dürfen auch die Fischer in Niedersachsen nicht antasten.

In Frankreich sind Miesmuscheln – wie diese Zuchtmuscheln aus dem bretonischen Örtchen Pénestin – besonders beliebt. Wegen der großen Nachfrage kommen dort aber auch Muscheln aus dem Wattenmeer auf den Tisch.

Aufzucht statt Wildfischerei

Muschelzüchter bringen junge Muscheln von etwa zwei Zentimetern Größe, die Saatmuscheln, heutzutage auf dafür vorgesehenen Kulturflächen aus, wo sie bis zur Marktgröße heranwachsen. Anschließend ernten die Fischer sie mit Dredgen ab. Der Vorteil: Anders als früher fahren die Fischer heute nicht mehr kreuz und quer durchs Watt, um wilde Miesmuschelbänke vom Meeresboden abzuhobeln. Stattdessen werden wie in der Landwirtschaft stets dieselben Gebiete beackert. Die für die Zucht benötigten Saatmuscheln gewinnen die Muschelfischer auf zwei Wegen: Im ersten Fall fischen sie die jungen Muscheln im tiefen Wasser und in dafür vorgesehenen Arealen vom Meeresboden auf. Im zweiten Fall züchten sie die Saatmuscheln in Aufzuchtanlagen selbst. Bei dieser Technik spannt man zwischen großen Pfählen im Watt Netze oder lange Leinen auf. Hier können sich die winzigen Muschellarven, die zunächst noch frei im Wasser schwimmen, anheften. Haben sie eine Größe von zwei Zentimetern erreicht, werden sie abgesammelt und anschließend auf den Kulturflächen ausgebracht. Solche Aufzuchtanlagen gibt es westlich von Büsum, zwischen Amrum und Föhr und im Süden von Sylt, in Niedersachsen und in den Niederlanden.

Zu den faszinierendsten Bewohnern der Muschelbänke gehören die Seeanemonen. Diese Nesseltiere fischen mit kleinen Tentakeln Kleinkrebse sowie Fisch- und Muschellarven aus dem Wasser.

Ein neuer Konkurrent

Doch nicht allein die Fischerei hat den Miesmuschelbänken in den vergangenen Jahren zugesetzt. Hinzu kommt die Konkurrenz durch eine fremde Muschelart, die sich im Wattenmeer breit gemacht hat – die Pazifische Auster. In den 1960er-Jahren hatten niederländische Muschelzüchter die Auster erstmals im westlichen Wattenmeer ausgesetzt, um eine neue Einkommensquelle zu schaffen. Später zogen Züchter auf Sylt nach. Da Muscheln in einem Jahr Millionen von Eiern produzieren, können sie sich schnell vermehren. Und so trug der Gezeitenstrom die Austernlarven von den Niederlanden aus durchs ganze Wattenmeer. 1983 fand man wild lebende Pazifische Austern bereits in Höhe der Insel Texel. 1998 waren sie schon an der Elbmündung zu finden. Und von Sylt aus eroberten sie nach und nach Schleswig-Holstein und Dänemark. Die Larven der Pazifischen Auster benötigen einen festen Untergrund, um heranzuwachsen. Diesen fanden sie bevorzugt in den Miesmuschelbänken. Wissenschaftler fürchteten, dass sie die Miesmuschel verdrängen würden – und dass Tiere wie die Eiderente bald keine Nahrung mehr finden würden.

Wie die Miesmuscheln auch geben Pazifische Austern vielen anderen Lebewesen im Wattenmeer Halt – zum Beispiel dem Meersalat, einer Grünalge, die sich an die harte Schale angeheftet hat.

Bunt gemischte Muschelbänke

Glücklicherweise irrten sie sich. Wie sich in den letzten Jahren gezeigt hat, haben sich die Austern zwar im ganzen Wattenmeer niedergelassen, doch verdrängen konnten sie die Miesmuschel nicht. Vielmehr findet man heute an vielen Stellen Muschelbänke, in denen beide Muschelarten gemeinsam hausen; besonders in Niedersachsen. Die Miesmuscheln siedeln vor allem in den Hohlräumen zwischen den größeren Austern. Sie sind also nicht verschwunden. Wohl aber sind sie kleiner, da ihnen die Austern die Nahrung streitig machen. Erstaunlicherweise ist die Situation in den Niederlanden, in Niedersachsen und in Schleswig-Holstein durchaus unterschiedlich: Während in Niedersachsen tatsächlich ausschließlich gemischte Bänke zu finden sind, gibt es in den Niederlanden alle Formen: reine Miesmuschelbänke und gemischte Miesmuschelbänke machen den größten Teil aus. Hinzu kommen kleinere Flächen, auf denen einige wenige reine Austernbänke liegen. In Schleswig-Holstein wiederum findet man im Norden bei Sylt Bänke, auf denen die Austern dominieren, zwischen Amrum und Föhr gemischte Bänke und weiter im Süden solche, auf denen noch immer vor allem Miesmuscheln leben. Warum das so ist, ist noch unklar. Möglicherweise liegt es daran, dass sich die beiden Muschelarten in den verschiedenen Gebieten des Wattenmeeres unterschiedlich gut fortpflanzen können. Ganz sicher aber werden die Muschelbänke dem Wattenmeer erhalten bleiben. Zwar haben die Miesmuscheln Gesellschaft bekommen, doch bleiben die Muschelbänke was sie schon immer waren: ein wichtiger und ausgesprochen artenreicher Lebensraum.

Durch ihre Ein- und Ausstromöffnung saugt eine Miesmuschel pro Stunde rund zwei Liter Wasser. Das Wasser fließt durch ein Filterorgan, in dem Nahrungsteilchen hängen bleiben.

10 Neubürger im Schlick

Die Welt ist in Bewegung. Rund 50.000 Handelsschiffe sind permanent unterwegs, um Waren auf den großen Expressrouten zwischen Amerika, Asien und Europa hin- und herzutransportieren – etwa 10 Milliarden Tonnen in jedem Jahr. Doch mit den Schiffen reisen nicht nur wertvolle Güter über die Ozeane, sondern auch blinde Passagiere – Pflanzen und Tiere.

Tausende von Seemeilen legen sie so zurück; Distanzen, die die meisten von allein niemals überwinden könnten. So gelangen heute viele neue Arten an fremde Küsten. Manche sind robust genug, um in der neuen Wasserwelt durchzukommen, wenn die Temperatur stimmt und der Salzgehalt einigermaßen erträglich ist. Sie sind der Keim für neues Leben in der Fremde – auch in der Nordsee und im Wattenmeer, wo in jedem Jahr ein bis zwei neue Arten Fuß fassen.

Mit den Schiffen um die Welt

Experten schätzen, dass ein Drittel der neuen Siedler als Bewuchs auf den Rümpfen von Containerschiffen, Massengutfrachtern und Tankern die Ozeane kreuzt, zum Beispiel Seepocken, die ihre Kalkpanzer auf den Stahl zementieren – weißliche Erhebungen, zwischen denen Muschellarven Halt finden, um ihre Klebefäden zu spinnen. Bis zur nächsten Wartung im Trockendock trägt manches Schiff einen dicken Panzer blinder Passagiere durch die See, in dem sich auch Krebse und Schnecken vor den strömenden Wassern verbergen. Ein weiteres Drittel der eingeschleppten Arten geht auf das Konto von Aquakulturbetreibern, die in den Küstengewässern fremde Arten züchten – so wie vor Jahren die Pazifische Auster im niederländischen Wattenmeer. Hinzu kommen Zierfischliebhaber, die Tiere aussetzen, wenn sie sich in den Aquarien zu stark vermehren. Das letzte Drittel der blinden Passagiere tummelt sich in den großen Ballastwassertanks der Schiffe. Das Ballastwasser hält Schiffe beim Laden und Löschen der Fracht im Hafen aufrecht wie der Bleifuß das Stehaufmännchen. Wird ein Massengutfrachter entladen, pumpt man Wasser in die Tanks, damit er nicht auftreibt und kentert. Mehr als 100.000 Tonnen Wasser fassen die Tanks eines solchen Riesen – und natürlich Millionen von Algen, Bakterien, Quallen, Krebs-, Muschel- oder Fischlarven, die mit eingesaugt werden. Belädt man das Schiff im nächsten Hafen, wird das Wasser mitsamt der Lebewesen wieder außenbords gepumpt.

Rasend schnelle Verbreitung

Man schätzt, dass Schiffe in ihren Rümpfen in jedem Jahr etwa dieselbe Menge an Ballastwasser transportieren, wie sie Waren über die Ozeane tragen – und dass darin insgesamt rund 4.000 verschiedene Spezies zu finden sind. Stockdunkel und kalt ist es in so einem Ballastwassertank. Nach Tagen wird der Sauerstoff knapp. Fischlarven fressen Krebschen und Algen weg. Kaum eines der schwebenden Wesen überlebt die Reise. Doch die Harten kommen durch bis zum nächsten Hafen, wo manche von ihnen im neuen Revier heimisch werde: so auch die daumendicke amerikanische Trogmuschel, die sich mit atemberaubender Geschwindigkeit im Wattenmeer ausbreitet. Niederländische Forscher entdeckten sie erstmals bei Wattwanderungen im Sommer 2017. Ein Jahr später hatte sie sich bereits über das ganze niederländische Wattenmeer ausgebreitet – und die Grenze nach Ostfriesland überwunden. Vermutlich ist auch sie mit dem Ballastwasser ins Wattenmeer gekommen. Die Amerikanische Trogmuschel gräbt sich wie die Herzmuschel wenige Zentimeter tief im Wattboden ein. Da sich auf einem Quadratmeter mitunter mehrere Tausend dieser Trogmuscheln zusammenfinden, fürchten einige Biologen, dass sie mancherorts die Herzmuschel verdrängen könnte – wie dereinst bei der Pazifischen Auster und der Miesmuschel.

Neubürger tun auch Gutes

Wenn es um neue Arten geht, die sich in fremden Revieren breit machen, spielen die Medien häufig mit bösen Assoziationen. Von »Aliens« oder der kriegerisch anmutenden »Bioinvasion« ist die Rede. Doch sind neue Arten nicht grundsätzlich nur schlecht. Sie können einen Lebensraum auch bereichern, wenn sie wichtige Funktionen übernehmen, die das heimische Ökosystem nicht oder nicht mehr leisten kann. Seit einigen Jahren wächst im Wattenmeer der Japanische Beerentang, eine meterlange Alge, die sich auf den Austern festsaugt. Sie wächst zu kleinen dichten Wäldern heran; unter anderem in den tieferen Prielen bei Sylt.

Die Kartoffelrose ist eine weit verbreitete, neu eingebürgerte Pflanzenart aus Ostasien. Dieser Neophyt hat vielerorts die heimische Dünenrose verdrängt.

Man vermutet, dass der Beerentang als Bewuchs auf den Pazifischen Austern ins Wattenmeer gekommen ist. Und: Er tut durchaus Gutes. In den dichten Wäldern finden viele kleine Fischarten wie der Seestichling oder die zarte langgestreckte Schlangennadel Zuflucht vor Räubern. Auch versteckt sich hier der Nachwuchs der Nordseefische. Da sich der Beerentang in manchen Gebieten aber inzwischen stark vermehrt, haben die Naturschutzbehörden ihn im Blick. Er könnte durch sein starkes Wachstum einheimische Meerespflanzen verdrängen und gilt daher offiziell als »invasive« Art – als Einwanderer, der hiesige Arten schädigen könnte.

Vergessen wird oft, dass auch die angeblich heimische weiße Sandklaffmuschel im Wattenmeer ein Fremdling ist. Vor mehreren Hundert Jahren aus Amerika eingeschleppt, hat sie aber inzwischen längst ihren Stammplatz in der Schlicklandschaft gefunden. Muschelsammler schätzen sie wegen ihrer schlanken, großen Schalen. Auch die hellbraune Amerikanische Scheidemuschel, die ein wenig einem Messer ähnelt, ist ein Neuzugang, der erst seit einigen Jahrzehnten im Wattenmeer zu Hause ist. Sie ist ein wichtiges Futter für die Trauerenten. Trauerenten tauchen bei Flut hinab zum Meeresboden und knabbern mit ihrem Schnabel die schlanken Muscheln aus dem Boden. Bis zur Mitte des vergangenen Jahrhunderts ernährten sich die Enten vor allem von einer europäischen Trogmuschelart, die im Watt lebte. Doch mit dem Ausbau der Fischerei wurde diese einheimische Trogmuschel sehr selten. Zum Glück war die Amerikanische Scheidemuschel zur Stelle, die für Trauerenten zur neuen Hauptmahlzeit wurde.

Pazifische Austern gehören längst zum Lebensraum Wattenmeer. In ihren Schalen finden mitunter Strandkrabben Schutz.

100 neue Arten in Nord- und Ostsee

Die Einwanderung neuer Arten ins Wattenmeer kann von Vorteil sein. Das sehen auch viele Meeresbiologen so. Allerdings bereitet ihnen das enorme Ausmaß der Arteinschleppung Sorgen. Früher war der Art-Import die Ausnahme. Heute ist er die Regel. So haben Wissenschaftler genauer untersucht, wie groß die Zahl der Neusiedler an den Küsten der Welt heutzutage ist. Für die Nord- und Ostsee sind es gut 100 neue Spezies, die im Lauf der letzten Jahrzehnte hinzugekommen sind. Der Klimawandel verstärkt diesen Trend. Die Nordsee hat sich in den vergangenen 50 Jahren im Schnitt um knapp zwei Grad erwärmt. Zudem fallen die Winter milder aus. Und so wandern heute viele Meeresorganismen, denen das Wasser bei uns bislang zu kalt war, aus dem Süden weiter nach Norden – und vermehren sich in der Nordsee.

Viele Meeresforscher treibt vor allem eines um: die Angst, dass irgendwann eine Tierart ins Wattenmeer eindringt, die tatsächlich »invasiv« ist, die andere Arten verdrängt oder einfach wegfrisst.

Erfreulicherweise ist die Sensibilität gestiegen: Aquakulturbetreiber lagern Muschelnachwuchs heute in Quarantäne, bevor sie ihn im Meer anpflanzen, damit keine ungebetenen Gäste oder Krankheitserreger mit einreisen. Und die Internationale Seeschifffahrtsorganisation in London hat in den letzten Jahren das internationale Ballastwasser-Übereinkommen ausgehandelt, das den Artentransport im Schiffsrumpf künftig eindämmen soll. So müssen Schiffe seit September 2017 mit Anlagen zur Ballastwasserbehandlung ausgerüstet werden, die die Tiere in den Tanks abtöten oder herausfiltern. Alternativ dürfen Kapitäne das Ballastwasser auf Hoher See austauschen – in einem Abstand von mindestens 200 Seemeilen zur nächsten Küste. Die Zeit wird zeigen, ob diese Maßnahmen Erfolg haben

Der Japanische Beerentang hat sich ebenfalls im ganzen Wattenmeer ausgebreitet. Seine langen Triebe bieten Jungfischen und Schwebgarnelen Schutz. Ob er heimische Pflanzen verdrängt, ist noch unklar.

Ungeliebte Strandkrabbe

Eines sollte man beim Thema Neubürger im Wattenmeer auf keinen Fall vergessen: Auch vom Wattenmeer aus haben sich Tierarten auf ihre Reise um die Welt gemacht. Die Strandkrabbe zum Beispiel – der Bewohner der deutschen Watten und Priele, der handtellergroße Zehnbeiner, von dem Kinder fürchten, dass er ihnen in die Zehen beißt. Und der seitwärts läuft, weshalb er im Plattdeutschen »Dwarslöper«, Querläufer, heißt. Die Strandkrabbe hat sich zuerst an der amerikanischen Ostküste breit gemacht, dann auch im Westen und mittlerweile sogar in Südamerika. Sie ist ein mutiger kleiner Räuber, der nicht lange fackelt und nach allem schnappt, was vorbeikommt. Hierzulande gehört die Strandkrabbe zu jenen Tieren, die bei Wattwanderungen für begeisterte Aufregung sorgen. An der Ostküste der USA aber verfluchen Fischer den Krebs, weil er die Brut der großen, schlankbeschalten Sandklaffmuscheln wegfrisst, der Softclams, die dort als Delikatesse gelten.

Seit etwa 15 Jahren ist die Japanische Felsenkrabbe im Wattenmeer zu finden. Die einheimische Strandkrabbe hingegen hat die Ostküste der USA besiedelt – und sich zum Konkurrent der Muschelzüchter entwickelt.

11

Heimat für Millionen

Der Austernfischer gehört zu den »Flying Five», jenen fünf Vogelarten, die für das Wattenmeer besonders charakteristisch sind. Neben dem Austernfischer sind dies der Alpenstrandläufer, die Brandgans, die Ringelgans und die Silbermöwe. Diese »Flying Five» sind zwar nicht so imposant wie die »Big Five», die man aus den afrikanischen Nationalparks kennt – die Büffel, die Elefanten, Leoparden, Löwen und Nashörner –, dennoch ist jede Art auf ihre Weise faszinierend.

Der Entertainer

Wenn es im Wattenmeer einen Vogel gibt, den man kaum übersehen kann, dann ist es ganz sicher der Austernfischer. Wo auch immer der hübsche schwarz-weiß gemusterte Vogel mit dem quietsch-orangenen Schnabel auftaucht, zieht er die Blicke auf sich. Nicht nur, weil er in der Sonne so schön leuchtet, sondern auch wegen seiner durchdringenden Stimme. Wenn er vorüberfliegt, ist sein helles »Kliep-kliep« weithin zu hören. Lassen sich irgendwo mehrere Austernfischer nebeneinander nieder, dann geben sie eine spektakuläre Trillerzeremonie zum Besten. Und da der Austernfischer alles andere als scheu ist, bekommt man ihn oft zu sehen – am Deich, am Strand, in der Salzwiese oder an der Hafenmole. Der Austernfischer ist ein sympathischer aufgeweckter Kerl, der voller Energie steckt. Kein Wunder, dass die Bewohner der Färöer-Inseln im Nordatlantik ihn sogar zum Nationalvogel gemacht haben. Tjaldur heißt der Austernfischer dort.

Darüber hinaus ist er nicht nur schön anzusehen und deutlich zu hören. Er hat auch einige Tricks auf Lager, die ihn besonders interessant machen. Wenn im Frühjahr die Küken schlüpfen, dann trippelt gelegentlich die ganze Familie zur Futtersuche am Deich oder an der Wasserkante entlang. Kommt man ihnen zu nahe, kann es passieren, dass die Mutter oder der Vater plötzlich einen Flügel hängen lässt und eine Verletzung vortäuscht – und sich so dem vermeintlichen Angreifer als potentielles Opfer anbietet. Schnellen Schrittes entfernt sich der Vogel, um den Eindringling von den Jungen wegzulocken. Folgt man ihm eine Weile, fliegt er irgendwann plötzlich auf, um zu den Küken zurückzukehren. Auch andere Vogelarten locken Feinde mit diesem Trick, dem »Verleiten«, von den Küken weg. Der Austernfischer aber liefert eine unvergleichliche Schau.

Auch die Art, wie er Muscheln knackt, ist außergewöhnlich. Manche Austernfischer haben sich darauf spezialisiert, mit ihrem Schnabel blitzschnell zwischen die leicht geöffneten Schalen einer Muschel zu stechen, um so den Schließmuskel zu durchtrennen und die Schalen zu öffnen. Ihre dünne Schnabelspitze, die man als »Meißel« bezeichnet, hilft dabei. Andere Austernfischer hacken solange auf der Muschelschale herum, bis sie bricht. Ihre Schnabelspitze ist deshalb flach und abgenutzt und wird als »Hammer« bezeichnet. Vogelexperten wissen, dass die Austernfischer die Futtertechnik je nach Nahrungsangebot ändern und dann entweder einen spitzen Schnabel behalten oder ihn durch das beständige Hämmern platt klopfen. Der dritte Austernfischer-Typ frisst kaum Muscheln, sondern durchstochert mit seinem Schnabel den Wattboden nach Würmern. Sein Schnabel ist daher spitz wie ein Nagel. Austern essen die Austernfischer übrigens nicht. Diese sind zu hart und zu dick. Sie bevorzugen junge Herz- und Miesmuscheln, die leicht zu knacken sind.

Ein junger Austernfischer sucht zwischen Steinen und Blasentang nach Nahrung.

Reger Flugverkehr

Doch das Wattenmeer ist nicht nur für den Austernfischer und die anderen vier Flying Five eine Heimat. Mit seinen weiten Wattflächen voller Nahrung, den Salzwiesen, Dünen und Sandbänken bietet es auch vielen anderen Spezies ausreichend Futter und ruhige Plätze. Rund 30 Vogelarten brüten im Wattenmeer. Dutzende Wasservogelarten machen hier während des Vogelzugs Rast. Noch beeindruckender als die Artenzahl ist die schiere Menge an Vögeln. Im Frühling und im Herbst reisen mehr als zehn Millionen Zugvögel durch das Wattenmeer. Die meisten von ihnen sind auf dem ostatlantischen Zugweg unterwegs, der von Südafrika über die afrikanische Westküste, Spanien und Frankreich bis zum Wattenmeer und weiter über Norwegen hinweg nach Sibirien und hoch in die Arktis führt. Manche Vögel fliegen bis zu 5.000 Kilometer an einem Stück und legen erst im Watt einen Zwischenstopp ein. Für sie ist das Watt ein besonders wichtiger Nahrungsplatz.

Während der Zugzeit rasten die Knutts zu Tausenden im Wattenmeer. Damit ihr Gefieder nicht zersaust wird, stellen sie sich mit dem Schnabel voran in den Wind.

Lebenswichtige Zwischenstopps

Nicht alle Vogelarten fliegen den gesamten ostatlantischen Zugweg ab. Manche überwintern in Westafrika und ziehen nur bis Lappland, um dort zu brüten. Einige aber reisen tatsächlich den ganzen weiten Weg. Der Rekordhalter im Langenstreckenfliegen ist die Küstenseeschwalbe – ein hübscher Vogel mit schlanken, weißen Flügeln, der im Sturzflug nach Fischen jagt und die unglaubliche Strecke bis nach Neuseeland zurücklegt. Im Spätsommer fliegen sie zunächst den Ostatlantischen Zugweg hinab, überqueren dann den Südatlantik, machen Zwischenstopp im Indischen Ozean, um schließlich am Rand der Antarktis südlich von Neuseeland zu überwintern. Im Frühling geht es zurück nach Norden. Dabei legen sie außerhalb der Brutzeit bis zu 90.000 Kilometer zurück – der längste jemals beschriebene Vogelzugweg. Für die Seeschwalben ist damit das ganze Jahr über Sommer. Wird es im Norden kalt und dunkel, sind sie bereits auf der Südhalbkugel unterwegs. Erst wenn es im Wattenmeer wieder warm wird, kehren sie mit vielen anderen Zugvögeln zum Brüten zurück.

Auch für Vögel, die nicht auf dem ostatlantischen Zugweg unterwegs sind, ist das Wattenmeer ein wichtiger Anflugpunkt. Im Watt versammeln sich zum Beispiel die Brandgänse, die an vielen Küsten Westeuropas zu Hause ist. Sie verbringen den Winter am Mittelmeer und brüten in Dänemark, England, Irland, den Niederlanden, Norwegen, Polen, Schweden – und im deutschen Wattenmeer. Doch obwohl die Brandgänse so weit verstreut leben, kommen sie jedes Jahr im Juli auf den Wattflächen in der Elbmündung zusammen. Weit draußen auf den Sandbänken sammeln sich dann fast 200.000 Gänse, um zu mausern: Sie werfen ihre alten Federn ab. Da sie auch die großen Schwungfedern an ihren Flügeln verlieren, können sie viele Tage lang nicht fliegen – bis die neuen Federn nachgewachsen sind. An Land wären sie eine leichte Beute für Füchse oder Marder. Die Wattflächen aber sind für sie zu dieser Zeit der sicherste Platz in ganz Europa. Dicht an dicht stehen und schwimmen sie; außer Gefahr. Das Watt zu ihren Füßen bietet ihnen allen genug Nahrung.

Neben den Brandgänsen kann man in den Salzwiesen und auf den Flächen hinter den Deichen auch Nonnengänse beobachten, die sich hier Fettreserven für den Zug anfressen.

Pickfleck und Salzdrüse

Auch die Silbermöwe ist ein typischer Brutvogel des Wattenmeeres. Zwar brütet diese große Möwe mit dem kräftigen, gelben Schnabel und den eleganten silbergrauen Flügeln auch an vielen anderen Küsten Europas, dennoch ist sie im Wattenmeer besonders häufig zu sehen – und zu hören! Denn mit ihren lauten kehligen Rufen macht sie schnell auf sich aufmerksam. Als Teil der Flying Five hat auch sie einige Fähigkeiten, die sie interessant machen: Sie gehört zu jenen Meeresvögeln, die das Salz, das sie mit der Nahrung und dem Meerwasser zu sich nehmen, wieder ausscheiden können. Eine Salzdrüse, die über den Augen im Schädelknochen sitzt, pumpt gewissermaßen überschüssiges Salz in Form eines sehr salzigen Sekrets aus, das über die Nasenlöcher abläuft, aus dem Körper. Mit etwas Glück kann man einen solchen Salzwassertropfen an der Schnabelspitze hängen sehen, wenn eine Silbermöwe einmal ganz in der Nähe landet. Ungewöhnlich ist auch der knallrote Punkt, der die Unterseite des Schnabels ziert – der Pickfleck. Er löst bei Küken ein angeborenes Verhalten aus: Bei Hunger klopfen sie mit ihrem Schnabel gegen den Fleck. Für die Eltern ist dies das Signal, halbverdaute Nahrung hervorzuwürgen und damit die Jungen zu füttern.

Spaziert man eine Uferpromenade oder einen asphaltierten Deich entlang, dann sieht man gelegentlich Silbermöwen, die im Flug Miesmuscheln aus ihrem Schnabel auf den Weg fallen lassen. Mit lautem »Knack« prallen sie auf, und sogleich stößt die Möwe hinab, um das Muschelfleisch aus der zerbrochenen Schale zu picken. Meist stürzen sich noch andere Möwen mit gellendem Geschrei auf die Beute, um sie dem Muschelknacker streitig zu machen. Vogelkundler nennen dieses Verhalten auch »Shell-dropping«.

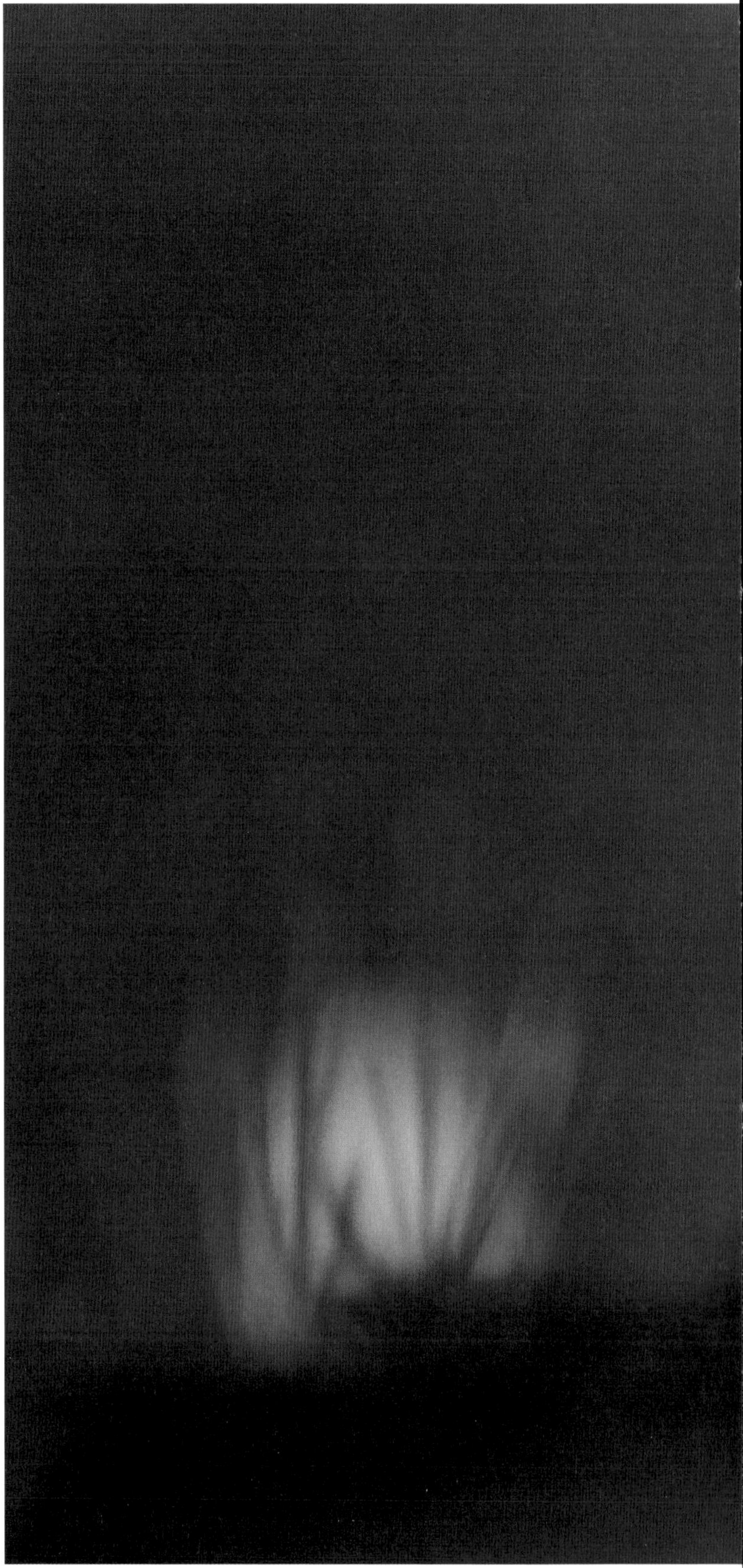

Die Silbermöwe ist einer der größten und eindrucksvollsten Vögel im Wattenmeer. Der rote Pickfleck verleitet Küken dazu, gegen den Schnabel zu klopfen, damit die Eltern Futter hervorwürgen.

Meditativer Vielklang

Austernfischer, Silbermöwen und die anderen drei Flying Five sieht man recht häufig, weil sie bunt oder auffällig sind oder sich in die Nähe des Menschen trauen. Andere Vögel wie der Große Brachvogel, der das Watt mit seinem gebogenen Schnabel auf der Suche nach Nahrung durchbohrt, fliegen bereits davon, wenn man sich ihm auf einige Hundert Meter nähert. Auch der Goldregenpfeifer mit seinem schwarz-gold gefleckten Federkleid sucht schnell das Weite, wenn er auf der Suche nach Kleingetier gestört wird. Es lohnt sich, ein gutes Fernglas dabei zu haben, um solche Schönheiten besser betrachten zu können. Alternativ reicht ein gutes Gehör, denn so schön wie die Vögel selbst sind ihre Stimmen. Erst dieser unvergleichliche Vielklang aus Rufen, Pfeifen und Flöten macht das Wattenmeer komplett: zu einem Lebensraum, der den Menschen beruhigt und berührt und ihm trotz der Weite und Offenheit das Gefühl einer tiefen Geborgenheit gibt.

An windstillen Abenden erfüllen die Stimmen vieler Watvögel den Himmel über dem Wattenmeer – auch das langgezogene Pfeifen des Großen Brachvogels.

12 Schatten über dem Vogelparadies

Beobachtet man im Frühjahr die Schwärme der Gänse, die sich in den Salzwiesen niederlassen oder die riesigen Wolken der Alpenstrandläufer, dann scheint es, als sei das Watt eine geradezu paradiesisch unberührte Welt. Doch ganz so friedlich geht es im Wattenmeer leider nicht immer zu.

Obwohl es Weltnaturerbe ist, dürfen Jäger im niedersächsischen Watt noch immer Wasser- und sogar Zugvögel schießen – ein Privileg, das aus der Zeit gefallen zu sein scheint, da heute jeder um die Bedeutung des Wattenmeeres weiß. In Schleswig-Holstein und im Hamburger Wattenmeer ist die Vogeljagd seit den 1980er-Jahren verboten. Damals holten Jäger in einem Jahr noch gut 10.000 Enten und Gänse vom Himmel, vor allem Pfeifenten und Stockenten, aber auch Ringelgänse, die viele Einheimische als Konkurrenten betrachteten, weil sie ihre Wiesen und frisch eingesäten Felder abweideten. Erst 1989 beschloss Schleswig-Holstein, die Wasservogeljagd im Watt einzustellen, nachdem Naturschutzverbände viele Jahre dafür gekämpft hatten. Doch in Teilen des niedersächsischen Wattenmeeres geht die Jagd weiter. Einige der aktuellen Jagdpachtverträge sind sogar noch bis zum Jahr 2027 gültig. Und das, obwohl jeder Schuss, jeder Knall eine Zäsur im friedvollen Stimmenkonzert der Vögel und im ruhigen Fluss des Lebens im Watt bedeutet.

Und es gibt weitere Gefahren für die Vögel im Wattenmeer, vor allem für jene Vögel, die am Boden brüten: Denn Möwen, Seeschwalben und Watvögel werden zunehmend von Füchsen und Marderhunden gejagt, die immer öfter in Norddeutschland und am Wattenmeer unterwegs sind. Beide plündern gern die Gelege der Bodenbrüter, weil Eier und Küken eine leichte Beute sind. Die Zahl der Füchse nimmt seit Jahren zu. Der Grund für die starke Vermehrung ist eigentlich ein erfreulicher: In vielen Regionen in Deutschland ist es in den letzten Jahrzehnten gelungen, die Tollwut einzudämmen. Daher überleben heute viele Füchse. Und je mehr es gibt, desto stärker geraten die Brutvögel an Land unter Druck. Der Marderhund stammt ursprünglich aus Ostasien. Sein ehemaliges Verbreitungsgebiet erstreckte sich von Sibirien bis nach China. Im 19. und 20. Jahrhundert wurden einige Tausend Tiere in Westrussland und in der Ukraine ausgesetzt. Seitdem haben sie sich über ganz Westeuropa verbreitet. Im Westen Schleswig-Holsteins treffen Jäger die Marderhunde inzwischen in fast jedem dritten Jagdrevier an.

Je häufiger Fuchs und Marderhund in den Brutgebieten am Festland auf die Jagd gehen, desto weiter ziehen sich die Vögel aus ihren alten Brutgebieten zurück – aus den Salzwiesen und auch aus den Weiden, die binnendeichs liegen, auf der Landseite der Deiche. Die für die Nordsee so typischen Lach- und auch Silbermöwen brüten inzwischen nur noch auf Inseln, auf denen es keine Füchse gibt. Ihre ehemaligen Brutkolonien am Festland sind verwaist, und aufgrund der verminderten Brutfläche hat die Zahl der Lachmöwen und Silbermöwen im Wattenmeer in den vergangenen drei Jahrzehnten abgenommen. Experten sprechen von einem moderaten Rückgang. Noch gibt es im Wattenmeer viele Möwen – doch der Trend ist beunruhigend.

Tödliche Sommerfluten

Zu der Gefahr, die von den Raubtieren ausgeht, gesellt sich inzwischen eine Bedrohung von weit größerer Dimension: der Klimawandel, der sich auf die Vögel im Wattenmeer ganz unterschiedlich auswirken kann. Einer, der die Folgen schon heute zu spüren bekommt, ist der Austernfischer. Er brütet in den Salzwiesen und dort besonders gern in der Nähe des Watts, weil der Weg vom Nest zu den Fraßplätzen im Schlick dann nicht so weit ist. Je näher das Nest an der Wattkante liegt, desto mehr Nahrung können die Eltern herbeischaffen, desto kräftiger ist der Nachwuchs und desto eher kommen die Jungen durch. So war es bislang.

In letzter Zeit aber wird dem Nachwuchs diese Strategie zum Verhängnis. Denn seit einigen Jahren gibt es im Frühsommer immer öfter Sturmfluten, die die Salzwiesen überfluten. Nach Ansicht von Experten ist höchstwahrscheinlich der Klimawandel die Ursache für diese ungewöhnlich starken Sommerstürme. Und sie treten ausgerechnet dann auf, wenn die Küken gerade geschlüpft sind und besonders leicht auskühlen. Manche ertrinken, andere sterben an Unterkühlung. So sind die Bestände des Austernfischers in den vergangenen Jahren immer weiter geschrumpft. Da die Austernfischer ihre alte Brutstrategie trotz der häufigen Überflutungen beibehalten, ist fraglich, ob der Mensch ihnen wird helfen können.

Perfektes Timing

Im Wattenmeer ist es in einem viele Jahre andauernden zähen Kampf gelungen, etliche Probleme zu überwinden – die Vogeljagd, die Eindeichung wertvoller Wattflächen, die intensive Beweidung von Salzwiesen und viele andere Herausforderungen. Jetzt aber sieht es so aus, als sei der Klimawandel für die Vögel zur größten Gefahr überhaupt geworden – auch für die Zugvögel. Vogelkundler schlagen seit einigen Jahren Alarm, weil der Knutt immer seltener wird. Dieser Watvogel, der im Sommer ein rotbraunes Federkleid trägt, verbringt den Winter in Westafrika und zieht im Frühling in sein Brutgebiet im

Füchse gehen auch in den Salzwiesen auf die Jagd – selbst wenn sie dabei einmal nass werden. Weil es immer mehr von ihnen gibt, haben sich viele Vögel aus den Brutgebieten am Festland zurückgezogen.

Norden Sibiriens. Dabei rasten die Knutts im Wattenmeer zu Tausenden, um hier Energie zu tanken und vollführen in großen Schwärmen atemberaubende Flugmanöver.

Der Knutt ist ein Beispiel dafür, wie Zugvögel im Lauf der Jahrtausende ihre Zugzeiten exakt auf das Klima in den Brutgebieten abgestimmt haben: Die Knuttküken schlüpfen auf der Taimyrhalbinsel genau dann, wenn viele Insekten, die den Winter als Puppen im Boden verbringen, ebenfalls schlüpfen. Für die Knuttküken gibt es dann normalerweise Insekten satt.

Doch der Klimawandel hat diese Zeitplanung durcheinandergeworfen: So hat sich die Arktis in den vergangenen Jahren messbar erwärmt. Die Schneeschmelze setzt im Frühling zeitiger ein als noch vor 30 Jahren. Auf der Taimyrhalbinsel schmilzt der Schnee inzwischen rund zwei Wochen früher – entsprechend früher schlüpfen die Insekten. Für den Knutt ist das fatal. Wie eh und je trifft er heute zur selben Zeit in den sibirischen Brutgebieten ein. Doch jetzt kommt er zu spät: Wenn die Küken schlüpfen, verpassen sie den Massenschlupf der Insekten.

Ein internationales Forscherteam hat in aufwendiger Detailarbeit in Sibirien und Mauretanien herausgefunden, was das für den Knutt bedeutet. Schlüpfen die Küken zu spät, gibt es weniger Insekten. Die Jungen finden weniger Nahrung und wachsen schlechter. Auch ist ihr Schnabel deutlich kürzer. Und das wird ihnen im Winter, den sie mit den Eltern in Mauretanien verbringen, zum Verhängnis. Da der Schnabel kurz ist, erreichen sie ihre Hauptnahrung nicht mehr, die im Schlick vergrabene, knopfgroße Mondmuschel. Eine wirkliche Alternative gibt es für sie nicht, weil kleine Krebschen oder Würmer bei weitem nicht so nahrhaft sind. Manche Knutts fressen in ihrer Not Seegras, welches noch weniger Energie liefert. Viele der kurzschnäbeligen Jungtiere sterben daher in ihrem ersten Winter in Afrika. Eine Veränderung des Klimas an einem Punkt der Erde entfaltet in diesem Fall ihre tödliche Wirkung viele Tausend Kilometer entfernt. Vogelexperten fürchten, dass die Zahl der Knutts in den kommenden Jahren drastisch abnehmen könnte, wenn es den Tieren nicht gelingt, ihre Zeitplanung an das sich weiter ändernde Klima in der Arktis anzupassen.

Knutts brüten in der Arktis und überwintern in Afrika. Zu Tausenden machen die Vögel im Wattenmeer Rast, um hier ihre Energiereserven für die langen Etappen aufzufüllen.

Pfuhlschnepfen zeigen, wie es geht

Wie das Beispiel der Pfuhlschnepfe zeigt, ist das tatsächlich möglich. Dieser taubengroße Watvogel mit dem langen geraden Schnabel überwintert in Spanien und Westafrika und zieht wie der Knutt nach einer Rast im Wattenmeer zum Brüten in die Arktis. Auch für die jungen Pfuhlschnepfen sind die frisch geschlüpften Insekten, vor allem die großen Wiesenschnaken, in den Brutgebieten im hohen Norden die wichtigste Nahrung. Doch anders als der Knutt kommen die Pfuhlschnepfen auch jetzt rechtzeitig, wenn die Schnaken aus ihren Puppen kriechen und aus dem Boden aufsteigen: Sie verkürzen ihren Aufenthalt im Wattenmeer und treffen heute rund zwei Wochen früher ein. Zugvögel können sich also innerhalb weniger Jahre an eine neue Situation anpassen.

So macht das Beispiel der Pfuhlschnepfen Hoffnung, dass es auch dem Knutt und anderen Vogelarten gelingen könnte, die auf ähnliche Weise vom Klimawandel betroffen sind. Doch auch die Pfuhlschnepfe kommt nicht ganz ungeschoren davon: Pfuhlschnepfen stärken sich im Wattenmeer, wenn sie die erste lange Etappe aus Südeuropa und Westafrika gen Norden hinter sich gebracht haben. Doch aufgrund des früheren Aufbruchs fehlt ihnen Zeit, um im Watt ihre Fettreserven für die zweite Etappe ins Brutgebiet aufzufüllen. Das wird vor allem für die Weibchen zum Problem, die beim Brüten viel Energie verbrauchen. Die Folge: Pfuhlschnepfen sterben heute öfter an Entkräftung als früher – vor allem die Weibchen. Glücklicherweise aber hat sich die Zahl der Pfuhlschnepfen insgesamt bislang nicht wesentlich verringert. Allerdings, mahnen Naturschützer, sollte man in Zukunft gut auf die Pfuhlschnepfen achtgeben. Besonders wichtig sei es, die Vögel im Wattenmeer während der Zugzeit in Ruhe zu lassen und vor allem die Schutzgebiete zu achten. Jede Störung, jeder Knall aus einem Gewehr, jedes Auffliegen und jedes Fliehen vor einer vermeintlichen Gefahr kostet die Pfuhlschnepfen Energie – Energie, die sie dringend für den weiten Flug und für die Brut in der Arktis benötigen.

Pfuhlschnepfen können ihre Zugzeit an den Klimawandel anpassen. Weil die Insekten in den arktischen Brutgebieten der Schnepfen heute früher schlüpfen, verkürzen die Vögel ihren Aufenthalt im Wattenmeer.

Gemeinsam brütet sich's besser

Viele Vogelarten sparen sich die kräftezehrende Reise nach Norden gänzlich. Sie bleiben zum Brüten im Wattenmeer, dessen Abgeschiedenheit und Nahrungsreichtum ideale Bedingen für die Aufzucht der Jungen bieten. Für viele ist das Watt sogar das wichtigste Brutgebiet in Westeuropa überhaupt. Unter anderem für die Watvögel, jene Vögel, die im feuchten Boden nach Nahrung suchen, durch flaches Wasser waten und dennoch ungern schwimmen – der Austernfischer gehört dazu, der Säbelschnäbler oder der Rotschenkel. Auch brüten hier Möwen und Seeschwalben in großen Kolonien, die sich oft weit draußen auf den unbewohnten Inseln befinden. Für die Brandseeschwalbe zum Beispiel ist die niederländische Insel Griend das bedeutendste Brutgebiet, ein menschenleeres Naturreservat in der Nähe der Insel Vlieland. Das einzige Gebäude auf Griend ist ein Pfahlbau, in dem im Sommer Vogelwarte leben. Auf dem kleinen Eiland brüten gut 10.000 Paare dieser hübschen Seeschwalbe mit dem auffallend langen schwarzen Schnabel und dem struppigen Hinterkopf.

Der Rotschenkel ist einer der häufigsten Brutvögel des Wattenmeeres. Häufig sieht man ihn auf Zaunpfählen sitzen. Dabei lässt er seinen typischen Ruf, sein »Tüüt«, erklingen.

13 Das Recht auf Wildnis

Es ist vor allem die Ursprünglichkeit, die den Reiz des Wattenmeeres ausmacht. In Europa findet man kaum eine andere Landschaft, in der sich die Natur auf so großem Raum so frei entfalten kann wie hier.

Natürlich hat der Mensch auch das Wattenmeer im Lauf der Jahrhunderte geprägt, indem er Buchten durch Deiche und Dämme vom Meer abgetrennt oder Fahrrinnen für die Schiffe durchs Watt gebaggert hat. Doch in weiten Teilen ist das Watt auch heute noch sich selbst und den formenden Kräften des Windes, der Wellen und Gezeiten überlassen.

Der Mensch hat sich bewusst weit aus diesem Lebensraum zurückgezogen, um die »Natur Natur sein zu lassen«. Das ist bemerkenswert, denn in vielen anderen Regionen gelingt das nicht. Der Mensch bricht in die Wildnis ein, um die Naturschätze zu Profit zu machen – durch die Versiegelung der Landschaft mit Industriegebieten und Straßen oder durch die Brandrodung von Regenwäldern. Vielerorts zählt auch heute noch allein der direkte Nutzwert, den die Natur bietet; in Form von Holz, das sich zu Geld machen lässt oder Böden, die Ertrag bringen, wenn man sie beackert und bebaut.

Welchen Wert hat die Natur?

Diesem ökonomischen Stereotyp hielt der US-amerikanische Ökologe Aldo Leopold angesichts der zunehmenden Umweltzerstörung bereits in den 1940er-Jahren als einer der ersten einen neuen Lehrsatz entgegen: Die Natur hat einen Eigenwert! Umweltethiker und Naturphilosophen haben diese Idee im Lauf von Jahrzehnten weiterentwickelt. Neben den rein ökonomischen, direkten Nutzwert der Natur stellen sie heute andere Werte: den Existenzwert der Natur, der sich aus der Tatsache ergibt, dass die Lebewesen oder Lebensräume einfach nur existieren. Dies ist ein Wert, den der Mensch Tieren wie dem Austernfischer oder dem Schlickwatt beimessen kann, selbst wenn er sie selbst noch nie erlebt hat. Hinzu kommt der Vermächtniswert, der darin besteht, dass Menschen den Wunsch verspüren, Naturgüter so unversehrt wie möglich an die folgenden Generationen weiterzugeben. Im Vergleich zum direkten Nutzwert sind dies nicht-monetäre Werte, weil sich kein Kapital daraus schlagen lässt. Dennoch gelten sie heute im Kanon der Werte, die man der Natur beimisst, als mindestens gleichberechtigt.

Die Existenzberechtigung der Seeschwalbe

Umweltethiker haben die provokante Frage gestellt, welchen Wert eine einzelne Tierart wie die Brandseeschwalbe hat, die auch heute noch zu Tausenden im Wattenmeer brütet. Sie ist in keiner Weise für den Menschen nützlich. Selbst wenn das Sammeln und der Verkauf ihrer Eier erlaubt wären, ließe sich damit kaum Geld verdienen. Als eine Art, die an der Spitze der Nahrungspyramide steht, ist sie noch nicht einmal für das Überleben anderer Arten relevant, weil sie von keinem anderen Tier gefressen wird. Es bliebe noch der ästhetische Nutzwert, weil die Brandseeschwalbe recht hübsch ist. Doch da sie weit draußen brütet, bekommt man sie eher selten zu Gesicht. Warum also sollte man die Brandseeschwalbe schützen, so wie es vor 100 Jahren die Pioniere des Wattenmeerschutzes getan haben, als sie erste Gebiete im Wattenmeer zu »Vogelfreistätten« erklärten? Naturschützer stecken hier in einem Dilemma. Einerseits liegt auf der Hand, dass die Vögel an sich schützenwert sind. Wie jedes andere Lebewesen besitzen sie einen Eigenwert. Andererseits bleibt das Gefühl, dass dieses eher emotionale Argument in der Diskussion um den Umweltschutz eher wenig zählt. Doch diese Einschätzung ist falsch, weil der Eigenwert der Natur inzwischen erfreulicherweise in Gesetzen und internationalen Abkommen festgeschrieben wurde, in den Nationalparkgesetzen und auch in der Biodiversitätskonvention, dem internationalen Abkommen zum Schutz der Artenvielfalt schlechthin. Auch in den Nachhaltigkeitszielen der Vereinten Nationen, den Sustainable Development Goals, ist der Erhalt der Natur um ihrer selbst willen gleich mehrfach festgeschrieben.

Die hübschen Brandseeschwalben sind leicht am struppigen Hinterkopf und dem schwarzgelben Schnabel zu erkennen. Leider bekommt man sie selten zu Gesicht, weil sie weit draußen im Watt brüten – etwa auf der Hallig Norderoog.

Wildnis macht, was sie will

Per Definition der Internationalen Union zur Bewahrung der Natur und der natürlichen Ressourcen, die regelmäßig auch die Roten Listen bedrohter Arten veröffentlicht, kann man von Wildnis sprechen, wenn der Lebensraum zu 75 Prozent vom Menschen unberührt bleibt. Damit stellt sich die Frage, ob der Mensch die Wildnis auch dann noch akzeptiert, wenn das Ergebnis weder grün noch schön noch artenreich ist. Im Wattenmeer können Sturmfluten ganze Dünenketten einreißen. Hier bedeutet Wildnis, dass die alte Dünenvegetation als Lebensraum verloren geht – aber auch, dass neuer Raum für Pionierpflanzen entsteht.

So lässt Sand, der irgendwo im Watt verloren geht, anderswo neue Lebensräume aus dem Nichts entstehen: zum Beispiel auf dem Norderoogsand, einer alten Sandbank im Westen der Insel Pellworm. Wo früher nur blanker Sand zu finden war, wächst seit Jahren eine große Düne in die Höhe. Eine neue Insel ist entstanden! Hier betreibt niemand Küstenschutz, niemand pflanzt Strandhafer, um den Sand zu verfestigen. Welche Pflanzen dort Fuß fassen, hängt allein davon ab, welche Samen die Wellen an den Strand spülen. Und so haben Pflanzenkundler auf dem jungen Eiland interessante Entdeckungen gemacht: Nach mehr als 40 Jahren ist eine seltene Pionierpflanze ins Schleswig-Holsteinische Wattenmeer zurückgekehrt, die Gelapptblättrige Melde, eine vom Aussterben bedrohte Spezies. Sie wächst dort, wo der Sand ständig in Bewegung ist. Andere Pflanzen überleben hier nicht. In jenen Dünen hingegen, die der Mensch mit Sandfangzäunen oder Strandhafer befestigt, verschwindet die Gelapptblättrige Melde, weil dort viele andere Pflanzen gedeihen, die die Melde verdrängen.

Die neue Insel an der Spitze des Norderoogsandes ragt inzwischen fast zwei Meter auf. Sie bietet nicht nur Pflanzen eine neue Heimat, sondern auch vielen Vögeln. Seit mehr als zehn Jahren brüten hier Wanderfalken. Und während Lach- und Silbermöwen wegen der vielen Füchse ihre Brutkolonien am Festland aufgegeben haben, sind hier weit draußen im Watt neue Brutplätze entstanden. Einfach, weil man der Wildnis eine Chance gegeben hat.

Seehunde gehören zu den wenigen großen Säugetierarten im Wattenmeer. Heute leben zwischen Den Helder und Esbjerg rund 40.000 – ein Rekordwert.

14 Von der Rettung eines Lebensraums

Die vergangenen 50 Jahre des Wattenmeeres sind eine Erfolgsgeschichte. Der Lebensraum, den viele noch vor einem halben Jahrhundert als wertlos und rückständig betrachteten, ist heute UNESCO-Weltnaturerbe. Diese Erfolgsgeschichte begann in den 1960er-Jahren.

Damals forderten Naturschützer zum ersten Mal, einen größeren Teil des Wattenmeeres zum Schutzgebiet zu erklären: das Gebiet ganz im Westen des schleswig-holsteinischen Wattenmeeres, um die kleinen Halligen Norderoog und Süderoog und die drei großen Sandbänke Japsand, Norderoogsand und Süderoogsand. Die Idee vom »Großreservat Halligmeer« stieß prompt auf Widerstand. Die Bewohner der Hallig Hooge planten gerade, den Japsand zum Badestrand auszubauen, um mehr Urlauber zu locken. Andere hielten die Idee für völlig überflüssig. »Die Zahlen der wenigen Paare von Zwergseeschwalben sind so gering und nichtssagend, dass praktisch jedes andere Gebiet der Westküste eher einen Schutz verdiente«, hieß es seinerzeit in den *Husumer Nachrichten*.

Doch diese scheinbare Nutzlosigkeit der Außensände war ein Glück. Abgesehen von den Hoogern interessierte sich kaum jemand für diese Sandflächen. Und so willigte das Land Schleswig-Holstein 1968 tatsächlich ein, die »Nordfriesischen Außensände« zum Naturschutzgebiet zu machen – ein Wattgebiet von der doppelten Größe der Insel Föhr. Ohne es zu ahnen, legte man schon damals den Grundstein für das Weltnaturerbe. Denn zu den wichtigsten Kriterien der UNESCO zählt die Ursprünglichkeit eines Lebensraums, in dem die natürlichen Prozesse weitgehend ungestört ablaufen. Und genau das ist auf den Außensänden der Fall.

Von der Idee, das ganze Wattenmeer unter Schutz zu stellen, war die Politik damals noch weit entfernt. Im Gegenteil: In den 1970ern nahm die Industrialisierung des Wattenmeeres richtig an Fahrt auf. Bei Wilhelmshaven baute man einen Ölhafen direkt in die Mündung des Jadebusens, eine große Bucht mit ausgedehnten Misch- und Schlickwatten. In Schleswig-Holstein beschloss die Landesregierung, die breite Mündung der Eider mit einem Sperrwerk zu verriegeln. Und zwischen 1969 und 1978 deichte man die große Meldorfer Bucht südlich von Büsum mit einem 15 Kilometer langen Deich ab. Das Bundesforschungsministerium spielte damals sogar mit dem Gedanken, im Wattenmeer Atomkraftwerke zu bauen. Zum Glück wurde diese Idee nie verwirklicht, weil die Konstruktion zu teuer gewesen wäre und weil die Anti-Atomkraft-Bewegung Druck machte.

Internationaler Kampf gegen die Zerstörung

Angesichts dieser vielen Wunden, die man dem Wattenmeer innerhalb kurzer Zeit zufügte, wuchs der Widerstand der Naturschützer. Nach zähem Ringen wurde 1981 von Dänemark, den Niederlanden und Deutschland auf Betreiben von Naturschützern und Wissenschaftlern eine offizielle »Gemeinsame Erklärung zum Schutz des Wattenmeeres« verabschiedet. »So weit wie möglich soll der Zustand eines natürlichen und sich selbst erhaltenden Ökosystems erreicht werden, in dem natürliche Prozesse ungestört ablaufen können«; so das Leitprinzip – eine Formulierung, die bereits sehr nahe an der Definition eines UNESCO-Naturerbes lag. Der stete Tropfen höhlte den Stein. Nach und nach ließen sich immer mehr Menschen von der Bedeutung des Wattenmeeres überzeugen. Mit der Gründung des ersten Nationalparks in Schleswig-Holstein begann dann die Ära des Wattenmeerschutzes in großer Dimension.

Himmlisches Lichtspiel über der Hallig: Heute lassen sich die Menschen von der Schönheit des Wattenmeeres verzaubern. Noch vor wenigen Jahrzehnten betrachtete man es als rückständig und nahezu wertlos.

Die Rückkehr der Robben

Zwar konnten die Umweltaktivisten nicht jedes Projekt verhindern; so begann man wenige Monate vor der Gründung des Nationalparks in Schleswig-Holstein noch mit dem Bau einer Bohrinsel im Watt. Doch alles in allem waren es viele Erfolge, die in fünf Jahrzehnten des Kampfes hervorgebracht wurden – der Stopp der Vogeljagd in Schleswig-Holstein, das Ende der Beweidung in vielen Salzwiesen am Festland und vor allem auch der Schutz der Seehunde und der Kegelrobben. Beiden Robbenarten war es in der Vergangenheit schlecht ergangen, weil man sie wegen ihres Fells und ihres Fleisches gejagt hatte. Die Kegelrobben waren im Wattenmeer bereits im 16. Jahrhundert ausgestorben. Die Zahl der Seehunde sank in den 1960er- und 1970er-Jahren auf einen Tiefstand: Im gesamten Wattenmeer zwischen den Niederlanden und Dänemark zählte man damals nur gut 3.500 Tiere.

Vor allem in den Niederlanden stand es schlecht um die Seehunde. Mancherorts hatten Jäger so gut wie alle Jungtiere eines Jahrgangs geschossen. Die Wissenschaftler schlugen Alarm und konnten schließlich die niederländischen Politiker überzeugen: 1962 wurde die Seehundjagd in den Niederlanden verboten. Deutschland und Dänemark folgten nach schwierigen Verhandlungen mit Forschern ein paar Jahre später. Die Verbote hatten Erfolg: Die Bestände erholten sich. Heute leben im Wattenmeer wieder rund 40.000 Seehunde – ein Rekord. Und die Kegelrobben sind von den großen Kolonien an den Felsenküsten Schottlands ins Watt zurückgekehrt. Seit den 1980er-Jahren ziehen sie hier wieder ihre Jungen auf. Und noch etwas hat zur Erholung beigetragen – die sauberen Flüsse. Früher gelangten vor allem über den Rhein und die Elbe viele Schadstoffe in die Nordsee – Schwermetalle und schädliche chemische Verbindungen. Diese schwächten das Immunsystem der Seehunde. Bei vielen Tieren blieb der Nachwuchs aus. Dank deutlich sauberer Flüsse sieht es heute sehr viel besser aus. Der Schutz eines Meereslebensraumes muss manchmal weit im Binnenland anfangen. Auch dafür ist das Wattenmeer ein Positivbeispiel, das weltweit Schule machen könnte.

Jagd und Umweltgifte setzten den Seehunden in den 1960er- und 1970er-Jahren zu. Damals sank ihre Zahl auf rund 3.500 Tiere – im gesamten Wattenmeer.

15

Umnebelte Zukunft

Das Watt bezaubert wie kaum ein anderer Ort – deshalb kommen so viele Menschen, die das Wattenmeer einmal erlebt haben, immer wieder. Die ungeheure Weite dieser Landschaft, ihre Friedlichkeit und die ungezähmte Natur prägen sich tief in die Seele ein.

Dass das Wattenmeer heute in ganzer Größe unter Schutz steht, ist letztlich nicht nur für die Pflanzen und Tiere von Bedeutung, sondern – ganz im Sinne des Naturerbe-Gedankens – tatsächlich auch ein Geschenk an die Menschheit. Über die vergangenen 100 Jahre war dass Watt vielen Gefahren ausgesetzt. Die meisten konnte man abwenden. Doch die Bedrohung durch den Klimawandel und mit ihm durch den Meeresspiegelanstieg ist da – und sie wird größer. Viele Menschen fürchten, dass das Watt in Zukunft überspült wird und damit für immer verloren geht. In der Tat kann heute kein Wissenschaftler mit absoluter Sicherheit sagen, wie schlimm es werden wird, und wie hoch oder wie schnell der Meeresspiegel steigen könnte. Werden die flachen Sand- und Schlickflächen, die Halligen und die Salzwiesen schon im kommenden Jahrhundert verschwunden sein? Ein solches Szenario kann niemand wirklich ausschließen.

Andererseits zeigen aktuelle Küstenschutzprojekte, dass das Wattenmeer und die Nordseeküste einem Meeresspiegelanstieg und höher auflaufenden Sturmfluten höchstwahrscheinlich noch sehr viel länger als gedacht widerstehen können. Zum Beispiel, indem man das Wattenmeer zusätzlich mit Sand versorgt. Bis heute wachsen die Wattflächen, weil die Nordsee mit jedem Sturm neuen Sand vom Meeresboden ins Watt trägt. Sollten die Fluten künftig höher auflaufen und die Stürme zunehmen, könnte sich dieser Trend umkehren: Die Strömungen könnten Sand und Schlick aus dem Watt abtragen. Etwas Ähnliches spielt sich seit Jahrzehnten auf Sylt ab. In jedem Herbst und Winter nagt die Nordsee am Strand und an der Steilküste. Deshalb pumpt man seit etwa 40 Jahren regelmäßig Sand vom Meeresboden an den Strand, um die Verluste auszugleichen. Aktuelle Ergebnisse aus komplexen Strömungsberechnungen legen nahe, dass das auch bei den Wattflächen funktionieren könnte. So ließe sich Sand aus der Nordsee in die großen Prielströme und Seegatte vor dem Wattenmeer spülen – und damit ein gigantisches Sanddepot aufbauen. Der Sand würde dann mit der Strömung verteilt und ließe die Wattflächen und Salzwiesen andernorts wieder wachsen. Diese Methode hat mehrere Vorteile: So kann das Watt mit dem Meeresspiegel mitwachsen. Und je nachdem, wie stark der Meeresspiegel steigt, kann man flexibel reagieren.

Weiche Küsten bieten Schutz

Ganz ähnlich ließe sich künftig Sand vor die Deiche am Festland spülen. Heute enden Deiche vielerorts abrupt an der Wattkante. Man schützt ihren Fuß mit massiven Deckwerken aus Stein, Asphalt und Beton, damit bei Sturm nicht die volle Wucht der Wellen gegen die Deiche prallt und diese unterspült. Diese harten Kanten zwischen Deich und Watt müssen häufig gewartet und ausgebessert werden. Doch spült man Sand in großen Mengen direkt vor die Küste, können neue Strände und Dünen entstehen, die sanft in den Deich übergehen – und die Küstenlinie bei Sturmflut zusätzlich schützen. Das ist keine Zukunftsmusik. In der niederländischen Gemeinde Katwijk aan Zee hat man die altersschwache Deichlinie, die mitten durch den Ort verläuft, durch eine künstliche hohe Düne direkt am Strand ergänzt. Der Clou: Unter der Düne befindet sich ein Parkdeck, in dem Urlauber und Einheimische ihre Autos abstellen können. Damit ist ein Küstenschutzbauwerk mit doppeltem Nutzen entstanden, das sich, mit Strandhafer bepflanzt, perfekt in die Nordseelandschaft einfügt.

Der Flut Raum geben

Vieles deutet darauf hin, dass das Watt und die Dünen bei einem moderaten Meeresspiegelanstieg von allein oder mithilfe von Sandaufspülungen mitwachsen können. Das Land hinter den Deichen hingegen kann das nicht. Schon heute liegen viele Gebiete im Binnenland unter dem Meeresspiegel, vor allem in den Niederlanden. Diese Situation wird sich mit steigendem Meeresspiegel noch verschärfen. Sollten bei einer schweren Sturmflut die Deiche brechen, liefe das Hinterland voll wie eine Badewanne. Küsteningenieure wagen deshalb inzwischen etwas, das lange Zeit undenkbar schien: Sie öffnen die Deiche, sodass an manchen Stellen die Flut in große Überflutungsflächen im Binnenland fließen kann. Dort setzen sich nach und nach Schlickteilchen ab: Das Binnenland wächst in die Höhe. Auch die Halligen können so mitwachsen.

Dass der Mensch mit dem Wasser bauen kann, zeigen die Pfahlbauten an der schleswig-holsteinischen Küste in der Nähe von St. Peter Ording. Seit Jahrzehnten trotzen sie Wind und Wellen. Dieses Gebäude aber muss aufgrund der rückweichenden Küste versetzt werden.

Wohnen mit Wasser

Auch an einem weiteren Dogma wird gerüttelt – das Wasser unbedingt aus bewohnten Gebieten heraushalten zu müssen. Denn eine Flutung des Binnenlandes könnte künftig wichtig sein, um bei starker Flut den Druck von der Deichlinie zu nehmen. Dafür müsste man natürlich so bauen, dass das Hochwasser keine Schäden anrichtet – etwa indem man Straßen und Schienen auf hohe Dämme verlegt und »schwimmende« Häuser errichtet, die bei Flut auftreiben. Auch hier sind die Niederländer führend. Dort ist vor einigen Jahren eine hübsche Siedlung in einer Flussauenlandschaft entstanden, in der der Wasserstand immer wieder schwankt. Die Einfamilienhäuser sind an Pfählen verankert und können mit dem Wasser aufsteigen. Für Küstenabschnitte, die bei schweren Stürmen von der Brandung besonders hart getroffen werden, sind allerdings auch künftig starke Deiche wichtig. Um sie gegen den Meeresspiegelanstieg zu wappnen, werden sie seit einigen Jahren verbreitert und erhöht. Damit läuft die Außenseite zum Meer hin sehr flach aus, sodass sich die Energie der auflaufenden Wellen über eine größere Fläche verteilt. Ein solcher starker Deich könnte Sturmfluten selbst bei einem Anstieg des Meeresspiegels um 1,5 bis 2 Meter abwehren.

Der Meeresspiegelanstieg bleibt eine Bedrohung. Das ist nicht zu bestreiten. Die Frage ist eher, ob das Wattenmeer und der Mensch dem tatsächlich hilflos ausgeliefert sind. Das Wattenmeer hat gute Chancen, mit einem moderat steigenden Meeresspiegelanstieg mitzuwachsen. Doch damit es dabei bleibt, ist es unsere Aufgabe, den noch immer wachsenden Ausstoß des Klimagases Kohlendioxid so schnell wie möglich drastisch zu reduzieren. Sorgen wir also dafür, dass das Wattenmeer erhalten bleibt. Damit auch unsere Kinder und Enkelkinder diesen einzigartig schönen Lebensraum erleben können.

Am Ufer von Hallig Hooge hat sich über die Jahrzehnte von ganz allein eine kleine Sandbank gebildet, der Lütt Jap. Ein Indiz dafür, dass es gelingen könnte, dass Wattenmeer künftig auch durch Sandaufspülungen mit dem Meeresspiegel mitwachsen zu lassen.

__Tim Schröder__ hat am Wattenmeer Zivildienst gemacht, anschließend Biologie studiert und lebt heute als Wissenschaftsjournalist in Oldenburg.
www.schroeder-tim.de

__Martin Stock__ ist langjähriger Kenner des Wattenmeeres und Naturfotograf. Er arbeitet als promovierter Biologe im Nationalpark Schleswig-Holsteinisches Wattenmeer.
www.wattenmeerbilder.de

Danke!
Zum Gelingen dieses Buchprojektes haben neben den Autoren noch andere Menschen beigetragen: Wir bedanken uns herzlich beim Verlag, der Redaktion und der Grafik für die unkomplizierte und reibungslose Zusammenarbeit. Des Weiteren gilt unser Dank Frank Hecker, der die Bilder auf den Seiten 86/87 und 100/101 zur Verfügung gestellt hat sowie Roland Suikat, von dem das Bild auf den Seiten 62/63 stammt. Besonderer Dank gebührt darüber hinaus unseren Familien, die uns den Raum und die Zeit für dieses Projekt gegeben haben.

Bibliografische Information der Deutschen Nationalbibliothek
Die Deutsche Nationalbibliothek verzeichnet diese Publikation in mder Deutschen Nationalbibliografie; detaillierte bibliografische Daten sind im Internet über http://dnb.dnb.de abrufbar.

2. Auflage
ISBN 978-3-667-11860-8

Lektorat: Birgit Radebold
Fotos: Martin Stock mit Ausnahme
von Seiten 86/87 sowie 100/101: Frank Hecker ,
Seiten 62/63: Roland Suikat, Seite 160 oben: Foto- und Bilderwerk, Seite 160 Mitte: Wolfgang Köhler
Text: Tim Schröder
Einbandgestaltung und Layout: Felix Kempf, fx@fx68.de
Lithografie: Mohn Media, Gütersloh
Druck: Firmengruppe APPL – aprinta druck, Wemding
Printed in Germany 2021

Delius Klasing Verlag
Siekerwall 21
D - 33602 Bielefeld
Tel.: 0521/559-0, Fax: 0521/559-115
E-Mail: info@delius-klasing.de
www.delius-klasing.de

FSC
www.fsc.org
MIX
Papier aus verantwortungsvollen Quellen
FSC® C004592